零基础学无人机航拍与短视频后期剪辑实战教程

石明祥 编著

内 容 提 要

本书是新手入“坑”的安全飞行指南和航拍出片向导，以作者丰富的飞行经验为基础，是一部内容系统全面的航拍工具书。

本书采用图解 + 视频的学习方式，并以有代表性的大疆消费级航拍无人机为例，在 DJI Fly 飞行系统中进行实例演示，在形象生动的模式下，使新手更容易理解和掌握相应知识。针对近年来新手在培训中普遍存在的知识过于碎片化的问题，本书系统地将航拍各个方面的知识进行有序的梳理拓展，内容涵盖航拍无人机的选择、认识、起飞，飞行系统的学习，核心飞行训练，拍摄制作，风险防范，突发事件应急处理等。

本书实用性强，通过引入大量的飞行训练和典型的实例，全方位地讲解无人机航拍与短视频后期剪辑，书中每节的开头或延伸知识点，都有相关的二维码供飞手视听学习。

图书在版编目（CIP）数据

零基础学无人机航拍与短视频后期剪辑实战教程 / 石明祥编著 . — 北京：北京大学出版社，2023.8
ISBN 978-7-301-34079-0

Ⅰ . ①零… Ⅱ . ①石… Ⅲ . ①无人驾驶飞机 – 航空摄影 – 教材②视频编辑软件 – 教材 Ⅳ . ① TB869 ② TN94

中国国家版本馆 CIP 数据核字 (2023) 第 101232 号

书　　名　零基础学无人机航拍与短视频后期剪辑实战教程
LINGJICHU XUE WURENJI HANGPAI YU DUANSHIPIN HOUQI JIANJI SHIZHAN JIAOCHENG

著作责任者　石明祥　编著

责任编辑　王继伟

标准书号　ISBN 978-7-301-34079-0

出版发行　北京大学出版社

地　　址　北京市海淀区成府路 205 号　100871

网　　址　http://www.pup.cn　　新浪微博：@ 北京大学出版社

电子信箱　编辑部 pup7@pup.cn　总编室 zpup@pup.cn

电　　话　邮购部 010-62752015　发行部 010-62750672　编辑部 010-62570390

印 刷 者　北京宏伟双华印刷有限公司

经 销 者　新华书店

787 毫米 × 1092 毫米　16 开本　12.5 印张　370 千字

2023 年 8 月第 1 版　2023 年 8 月第 1 次印刷

印　　数　1–4000 册

定　　价　89.00 元

未经许可，不得以任何方式复制或抄袭本书之部分或全部内容。

版权所有，侵权必究

举报电话：010-62752024　电子信箱：fd@pup.pku.edu.cn

图书如有印装质量问题，请与出版部联系，电话：010-62756370

序

一起遨游天际，俯瞰世界！

飞手你好！感谢你能选择这本书。

航拍无人机的出现开启了影像视觉艺术的新时代，相信每一个飞过航拍无人机的人，都能在飞行记录的过程中感受到航拍所激发的灵感和澎湃的心情。在地平线上，我们只能爬上高楼、登上山顶，或者透过客机窗户来俯瞰这个奇妙的世界。也正因为如此，类似于空中鸟儿的视角，让我们对天空充满了神往。

如今，航拍无人机为相机插上了翅膀，让人们在享受飞行乐趣的同时，还能拍摄出高空独特的影像作品。不得不说，航拍延展了我们的拍摄范围，让我们能够通过镜头来探索新天地，发现全新的视角，用特别的创意方式来表达自己。

当我们沉迷在航拍的乐趣中时，别忘了守法安全的飞行才是这一切的前提。随着航拍的飞速发展，航拍无人机已经进入了人们的生活，如何合理地驾驶手中的“飞行相机”，是每一位飞手都应该重视的问题。

还记得我刚接触航拍无人机是在 2012 年 8 月入手了 DJI S800，它让我感受到了科技和艺术的完美融合，但很不幸的是，由于当时的我缺乏飞行经验，这台机器已经炸机了。从那时起，我养成了一个习惯，每次的实飞心得、学习交流所得到的航拍飞行经验，我都会用文档记录下来，并将这些经验汇聚到这本书中，希望它能帮助到每一位飞手。

本书使用说明

1. 学习方法

（1）为了能让飞手的学习过程更生动形象，本书采用的是图解 + 视频的学习方式。

（2）在学习时，不仅可以观看图文解释，还可以在每个章节标题旁边及特别说明的知识点处，用手机微信扫码，观看对应的视频教程。

手机微信扫码观看相关视频教程

1.1 如何选择适合自己的航拍无人机

（手机微信扫码观看相关视频教程）

一般想入手一台航拍无人机的时候，我们会先去看它的宣传片，本节以大疆航拍无人机为例进行介绍。

大疆航拍无人机一般是在商城中选购，可以看到非常炫酷的宣传片，给人感觉好像每一台航拍无人机都很不错。然后再打开参数，如果是有一定摄影基础的飞手，可以自己查看一下性能。但是对于小白来说，通常都会不知所措，无从下手。

那新手应该购买哪一款呢？其实主要还是看自己的预算。

大疆品牌的任意一款民用消费级航拍无人机都非常适合新手，经过简单的学习就可以上手。剩下的就是预算的问题了，看看自己有多少预算，然后选择合适的机型即可，没有必要去攀比。

要相信，航拍最终展现给别人的并不是航拍无人机的价格，而是拍出来的作品。

（3）扫码成功之后，观看对应的视频教程时，请记得将手机旋转功能开启，并将手机横向全屏观看，这样体验相对较好。

（将手机旋转功能开启）

（将手机横向全屏观看）

2. 问题咨询

在学习航拍飞行的过程中，有关疑问欢迎随时在 B 站（bilibili 哔哩哔哩）留言咨询“寻点飞行”。

3. 资源下载

本书所涉及的教学视频已上传到百度网盘，供读者下载。请读者关注封底“博雅读书社”微信公众号，找到“资源下载”栏目，输入图书 77 页的资源下载码，根据提示获取。

4. 学习备注

（1）本书使用的主要机型为 DJI Mavic、DJI Air、DJI Mini 三个系列的航拍无人机。

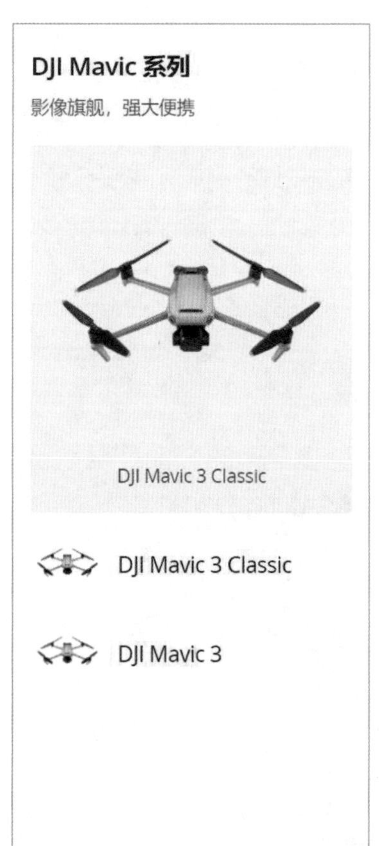

（2）关于航拍无人机的称呼：官方的说法为，X 类多旋翼民用级无人机；民间的说法有无人机、飞行器、航拍器等。为方便广大飞手阅读，本书统一称之为航拍无人机。

目录

contents

1 新手准备篇：航拍无人机准备

2 飞行 App：学习 DJI Fly 飞行 App

3 飞行训练篇：无人机8项核心飞行训练

4 拍摄制作篇：无人机拍摄与后期制作

5 风险防范篇：无人机航拍风险防范

6 应急处理篇：飞行突发事件应急处理

7 后期维护篇：无人机后期保养维护

8 航拍行业篇：无人机航拍行业前景

1 新手准备篇：航拍无人机准备

本章带大家了解如何选择航拍无人机，学习航拍无人机的工作原理、遥控器，以及航拍无人机使用前的准备工作。

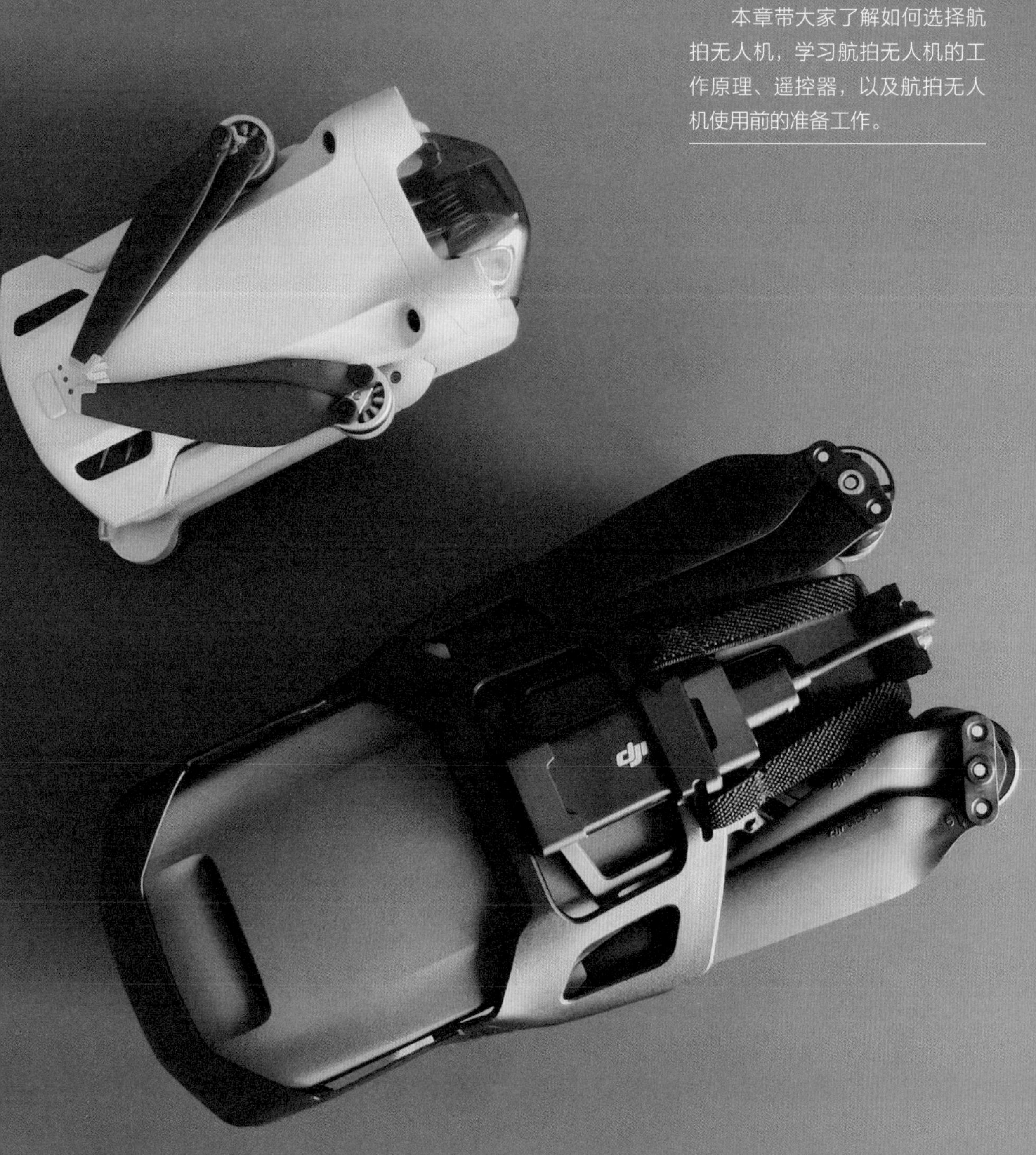

1.1 如何选择适合自己的航拍无人机

（手机微信扫码观看相关视频教程）

一般想入手一台航拍无人机的时候，我们会先去看它的宣传片，本节以大疆航拍无人机为例进行介绍。

大疆航拍无人机一般是在商城中选购，可以看到非常炫酷的宣传片，给人感觉好像每一台航拍无人机都很不错。然后再打开参数，如果是有一定摄影基础的飞手，可以自己查看一下性能。但是对于小白来说，通常都会不知所措，无从下手。

那新手应该购买哪一款呢？其实主要还是看自己的预算。

大疆品牌的任意一款民用消费级航拍无人机都非常适合新手，经过简单的学习就可以上手。剩下的就是预算的问题了，看看自己有多少预算，然后选择合适的机型即可，没有必要去攀比。

要相信，航拍最终展现给别人的并不是航拍无人机的价格，而是拍出来的作品。

1.1.1 购买时主要对比的参数

下面是购买航拍无人机时 8 个需要重点关注的性能。

（1）起飞重量。指航拍无人机搭配有关飞行设备后的最大起飞重量。

（2）最大飞行速度。指无风无干扰的环境下，航拍无人机的最大飞行速度。

（3）续航时间。指无风无干扰的环境下，航拍无人机的最大留空时长。

（4）控制距离。指无风无干扰的环境下，遥控器控制航拍无人机的最远有效距离。

（5）抗风能力。指航拍无人机在飞行时的最大抗风级别。

（6）相机参数。指航拍无人机的相机性能，如画面有效像素、拍摄焦段、视频比特率等。

（7）飞行辅助系统。指航拍无人机的智能功能，如智能跟随、智能起降、智能返航等。

（8）图传性能。指在无干扰的环境下飞行时，航拍无人机传回监看屏幕的画面分辨率。

（DJI Mavic 3 Cine 大师版的配置图）

1.1.2 专业与价位并不等同

航拍无人机忽高忽低的价位，有时会让很多新手陷入越贵越好的奇怪想法，还有的朋友喜欢把专业性和航拍无人机的性能画上等号。

可以思考一下，即使购买了一台很贵的航拍无人机，但是不会运镜、不懂安全飞行、不会调色等技能，那么也无法发挥出这台机器的性能。

什么是专业性？笔者认为，设备与飞手的专业性要分开来看。

（1）设备的专业性。主要体现在航拍无人机的飞行性能和相机的拍摄性能方面。

（2）飞手的专业性。主要体现在航拍安全意识、打杆运镜，以及后期创作等技术思维层面。

1.1.3 新手不建议入手的机型

（1）DJI FPV 及行业应用类的机型，不建议新手入手。因为 DJI FPV 适合竞技玩家和喜欢沉浸感的飞手，新手入门困难，飞行成本高，需要花费较长的时间与精力去练习。

（2）大疆 DJI M30T 行业应用航拍无人机，价格通常非常昂贵，适合行业应用，并且相机成像并不适合航拍。如果你并不是从事相关行业，那么也不建议入手。

（DJI FPV）

（大疆 DJI M30T 行业应用航拍无人机）

1.1.4 新机建议多配几块电池

建议大家购买航拍无人机的时候，购买畅飞套装、畅飞续航包或多配几块电池。因为标配只有一块电池，航拍通常是不够用的。

（DJI Mini 3 Pro 标配）

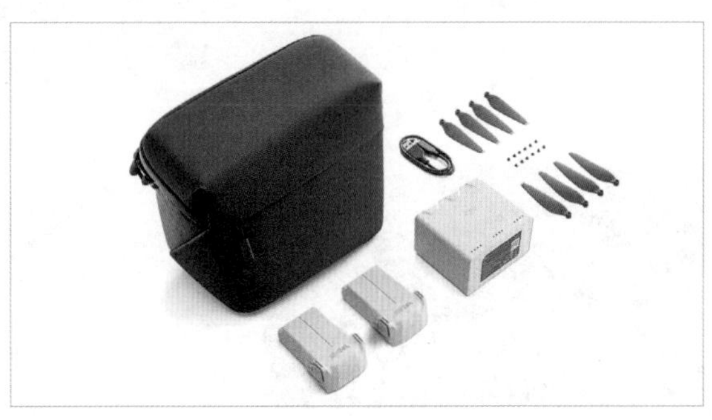

（DJI Mini 3 Pro 畅飞续航包）

1.1.5 为航拍无人机准备一个停机坪

新手在学习航拍无人机时，刚开始飞行基本都是从地面起飞，而地面的尘土对飞行的影响很大，灰尘颗粒很容易进入电机或云台相机中，长期这样操作很容易造成电机堵塞等问题。建议准备一个停机坪，让航拍无人机从停机坪上起飞或降落，能有效地避免这类问题。

（停机坪起飞准备）

（手机微信扫码观看相关视频教程）

1.2 认识航拍无人机

从原理上来说，航拍无人机就是飞行的相机，帮助我们换个角度去看世界。接下来笔者将带大家走进航拍无人机的世界，了解航拍无人机的工作原理。

1.2.1 航拍无人机的种类划分

（1）按结构造型分类，可以分为直升机、固定翼、多旋翼、飞艇伞翼、扑翼、复合翼等。

（直升机）

（固定翼）

（多旋翼）

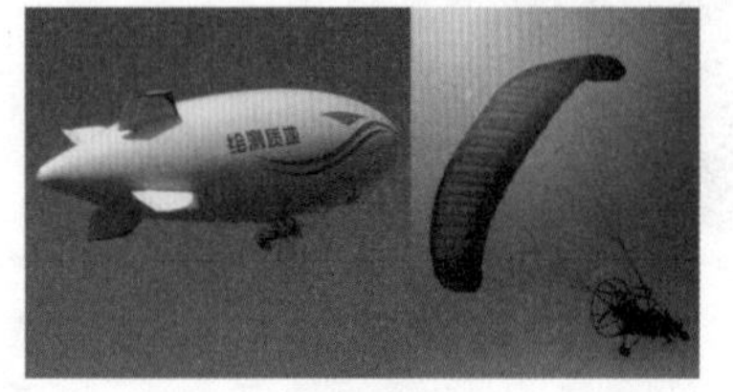
（飞艇伞翼）

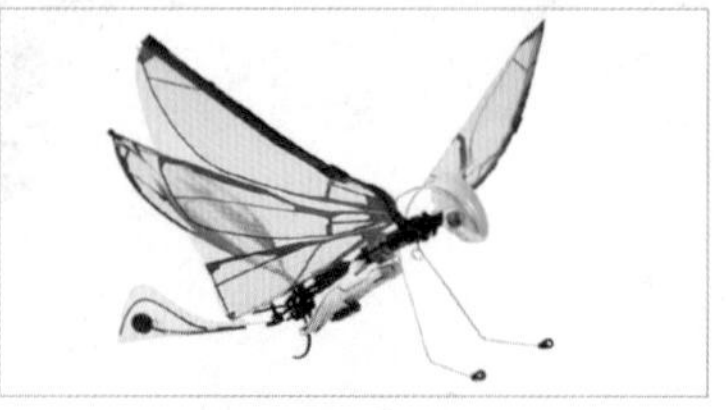
（扑翼）

（复合翼）

（2）按用途分类，有数据测绘、物流配送、电力监测、影视航拍、农业植保、新闻媒体、民用消费级航拍等。

（数据测绘）

（物流配送）

（电力监测）

（影视航拍）

（农业植保）

（新闻媒体）

（3）按飞行高度分类，0~100m 的为超低空；100~1000m 的为低空；7000~18000m 的为高空。

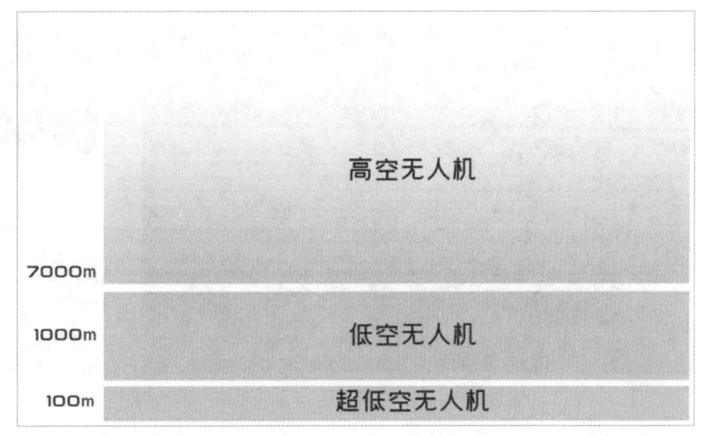

（航拍无人机飞行高度分类）

（4）按飞行半径分类，15km 以内的为超近程；15~50km 的为近程；大于 800km 的为远程。

（5）按起飞重量分类，小于或等于 7kg 的为微型；大于 7kg 小于 116kg 的为轻型；大于 5700kg 的为重型。

15km以内——超近程无人机
15~50km——近程无人机
大于800km——远程无人机

（航拍无人机飞行半径分类）

小于或等于7kg——微型无人机

大于7kg小于116kg——轻型无人机

大于5700kg——重型无人机

（航拍无人机起飞重量分类）

根据以上航拍无人机的种类划分可以得出，市面上大多数消费级航拍无人机都属于多旋翼、微型、超近程、低空、民用消费级航拍无人机。

1.2.2 常见的航拍无人机结构

航拍无人机的常规结构包括无刷电机、螺旋桨、电调、电池、飞控系统（导航 IMU）、三轴云台、相机、遥控器、接收与发射装置。

根据价格的提升，在此基础上会相应加入视觉避障、补光灯、跟随，以及更强的相机参数等功能。

下面以大疆航拍无人机 DJI S1000 为例，展示航拍无人机各部分的结构。

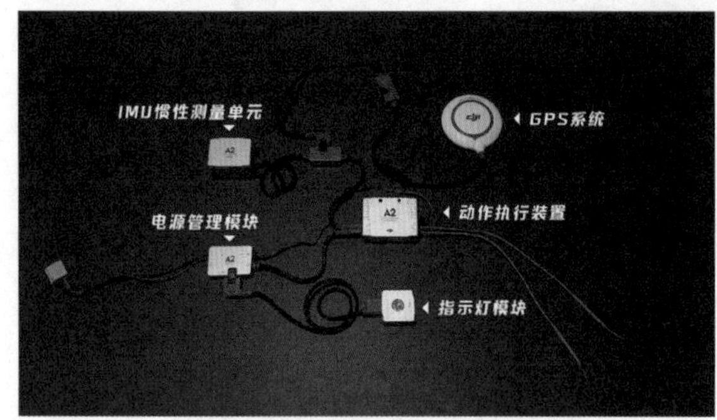

（DJI A2 航拍无人机飞控系统）

（DJI 航拍无人机中心板结构）

（DJI RC-N1 遥控器）

（DJI 航拍无人机电调）

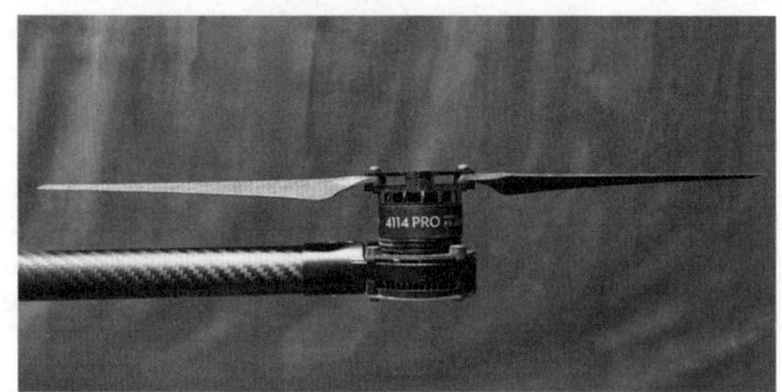

（DJI 航拍无人机无刷电机与桨叶）

（航拍无人机数字图传接收与发射装置）

（DJI 航拍无人机智能飞行电池）

（DJI 航拍无人机相机云台与视觉避障）

1.2.3 航拍无人机的工作原理

（1）飞行原理。航拍无人机在飞行过程中，由遥控器发出飞行控制指令，飞控计算机接收到信号并发出指令，使电调控制相应的电量输出。然后无刷电机产生相应的转速，螺旋桨推动相应力度的空气，航拍无人机整体就会产生对应行为的飞行姿态，如上升、下降、前进、后退等。

而飞行的高度、姿态、距离、速度等信息，会通过导航 IMU 测量出结果，飞控计算机通过接收与发射装置传回遥控器，从而让我们可以实时地了解航拍无人机的飞行状态。

（2）拍摄原理。航拍无人机在飞行过程中，三轴云台会始终让相机保持相对的平稳，促使相机画面不会产生抖动。由遥控器发出相机的控制指令，通过接收与发射装置将信号传到飞控计算机并发出相应指令，来调节相应的相机参数或触发相机云台相应的功能。相机的拍摄画面会通过接收与发射装置传回遥控器，让我们能实时观看到航拍无人机的拍摄效果。

（DJI Inspire 2 航拍无人机数据链传输方案）

1.3 认识航拍无人机的遥控器

（手机微信扫码观看相关视频教程）

遥控器是我们操控航拍无人机飞行和完成拍摄最主要的操控组件，同时也是实时监看飞行信息的终端装置。

形象一点来说，航拍就像我们放风筝，航拍无人机就像是风筝；遥控器就像是手里收放风筝线的工具；无线信号的传输过程就像是风筝线，时时将航拍无人机和我们联系在一起。

1.3.1 航拍无人机的遥控器类别

目前消费级航拍无人机的遥控器主要有以下 5 类。

（1）伸缩式的 RC-N1 遥控器。这款遥控器是大疆兼容航拍无人机使用最多的一款遥控器，几乎是目前消费级航拍无人机的通用款，性价比也是最高的。

（2）集成度较高的带屏遥控器 RC 与 RC Pro。这类遥控器较为便捷，飞行不用去考虑外接移动端等准备工作。

（DJI RC-N1 遥控器）

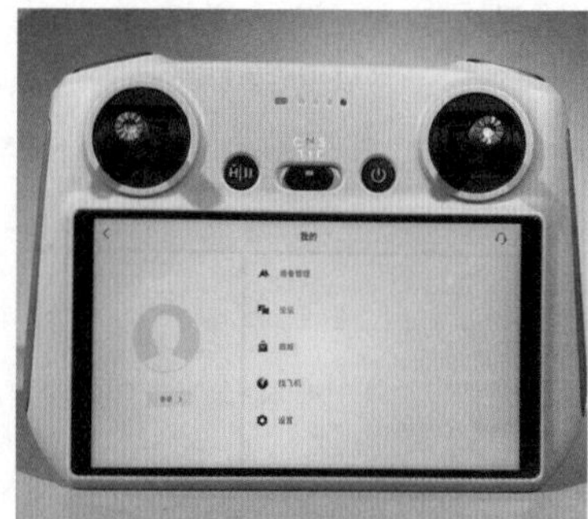
（DJI RC 带屏遥控器）

（DJI RC Pro 带屏遥控器）

（3）相对较为传统的遥控器 RC-C1 版本。这类遥控器与最早的航模遥控器设计类似。

（4）手柄遥控器。造型有点像我们小时候的游戏机手柄。

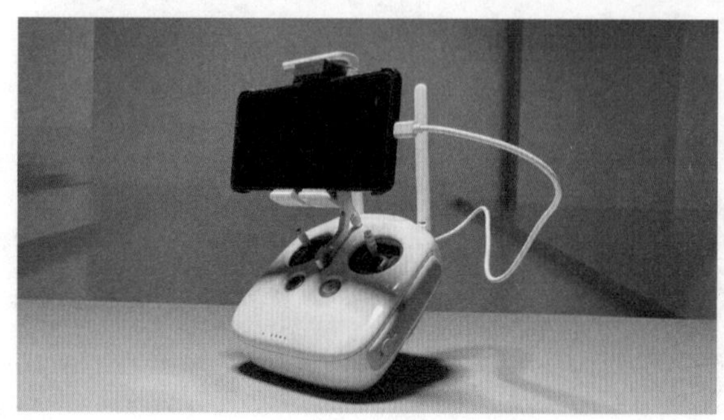
（DJI RC-C1 遥控器）

（DJI FPV 遥控器）

（5）折叠型遥控器。轻便小巧，折叠起来尺寸相对较小，便于携带。

（DJI Mini SE 遥控器）

不管用什么遥控器，工作原理都是一样的。后面章节的学习会以大疆的 RC-N1 遥控器为主做演示，带大家一起去学习遥控器上那些必须知道的功能。

1.3.2 遥控器天线的正确使用方法

因为天线是遥控器与航拍无人机的桥梁，所以要注意每款遥控器天线的正确使用方法。在航拍飞行的过程中，我们要时刻调整遥控器的方位，务必使遥控器的天线信号发射的方向与航拍无人机保持一致，且中间不要有遮挡物，以保证良好的信号传输状态。

（DJI Mavic 3 遥控器飞行演示）

1.3.3 遥控器的摇杆说明

在飞行的时候，我们可以拨动摇杆直接控制航拍无人机的飞行动作。接下来以 DJI RC-N1 遥控器为例进行演示。

在基础操作熟练之后，后期的很多飞行动作都是靠打杆动作之间的配合完成的。

建议新手使用出厂默认的美国手的操作方式，因为市面上大多数遥控器出厂时都设置的是美国手的操作方式。

（DJI RC-N1 遥控器）

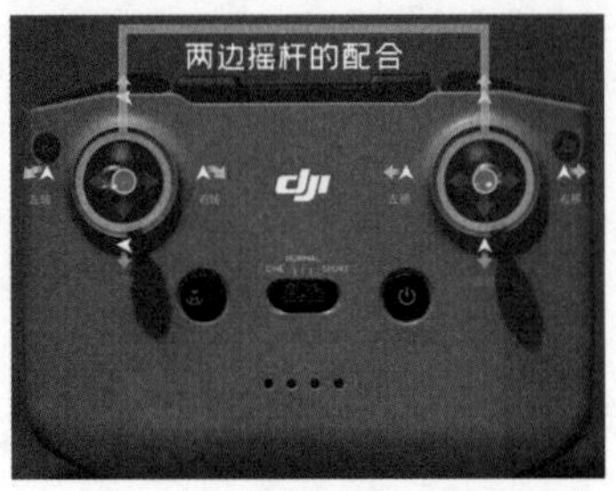

（DJI RC-N1 遥控器摇杆局部截图）

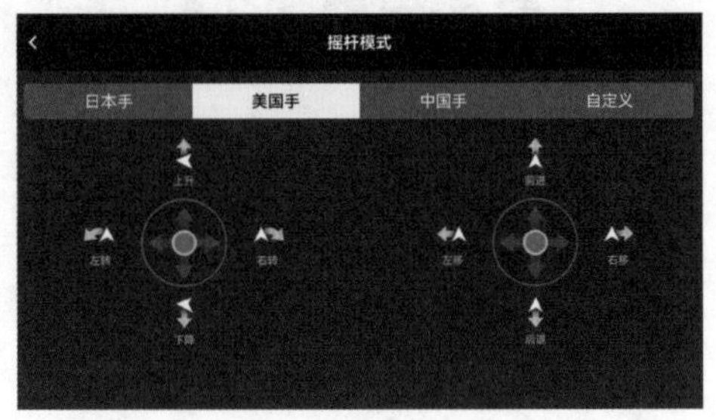

（大疆的遥控器出厂默认美国手的操作方式）

❶ 美国手模式下左摇杆功能说明

（1）左边摇杆水平向上拨动，航拍无人机会上升。

（2）左边摇杆水平向下拨动，航拍无人机会下降。

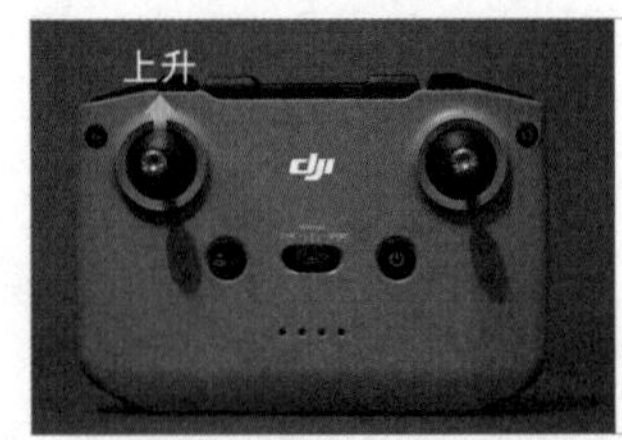

（左摇杆水平向上拨动上升）

（左摇杆水平向下拨动下降）

（3）左边摇杆水平向左拨动，航拍无人机会逆时针向左自旋。

（4）左边摇杆水平向右拨动，航拍无人机会顺时针向右自旋。

（左摇杆水平向左拨动逆时针向左自旋）

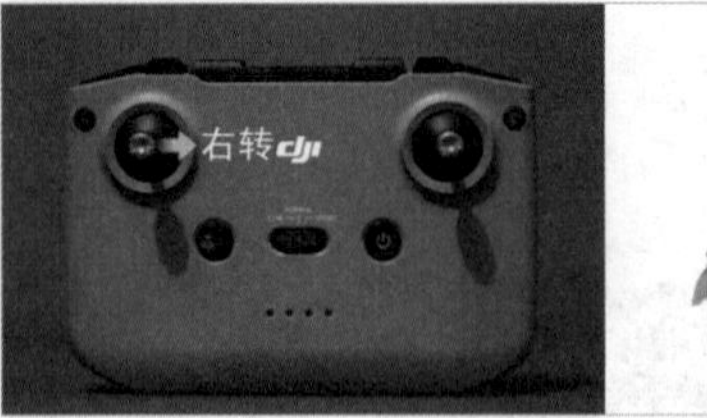

（左摇杆水平向右拨动顺时针向右自旋）

❷ 美国手模式下右摇杆功能说明

（1）右边摇杆水平向上拨动，航拍无人机会前进，向前飞行。

（2）右边摇杆水平向下拨动，航拍无人机会后退，向后飞行。

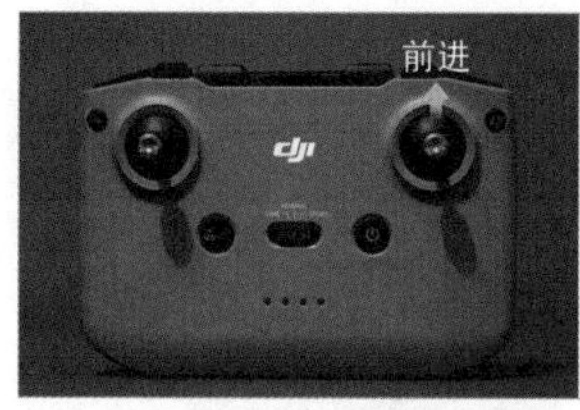

（右摇杆水平向上拨动前进）

（右摇杆水平向下拨动后退）

（3）右边摇杆水平向左拨动，航拍无人机会以左横向飞行。

（4）右边摇杆水平向右拨动，航拍无人机会以右横向飞行。

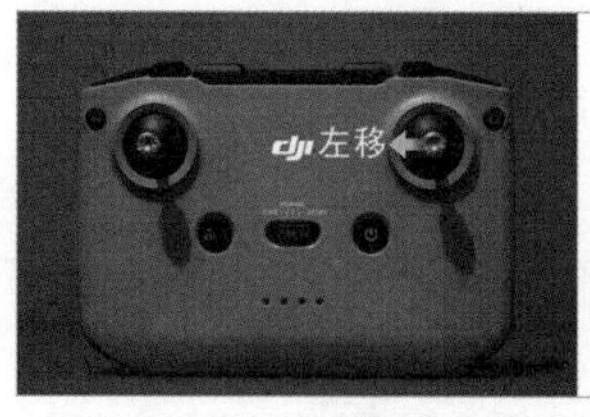

（右摇杆水平向左拨动左横向飞行）

（右摇杆水平向右拨动右横向飞行）

❸ 摇杆特殊功能说明

（1）打杆的力度越大，航拍无人机产生的响应速度就越快。建议新手先以轻微的力度进行打杆，在这个过程中去感受航拍无人机相应的飞行速度，然后根据熟练程度，再去增加相应的力度。

（2）在飞行过程中，如果两摇杆回到中心原始位置，那么航拍无人机就会在空中保持悬停。

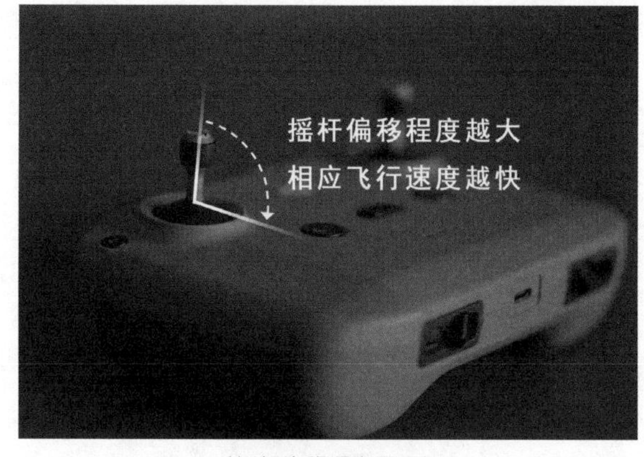

（摇杆偏移幅度展示）

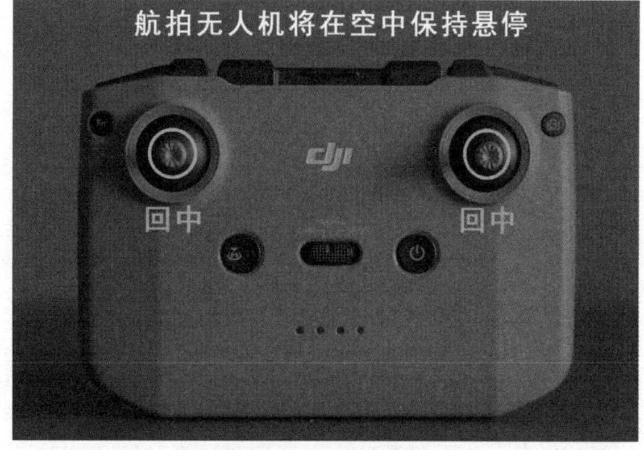

（两摇杆回中状态展示）

1.3.4 遥控器的飞行挡位

飞手在飞行时，可以根据需要，通过挡位来对航拍无人机进行限速。很多新手使用时常常会感到好奇，关于这个 EXP 曲线，总想通过调整它来获得更好的飞行体验。但是建议新手刚开始不要太在意这个参数，等到自己操作熟练了再去调试。

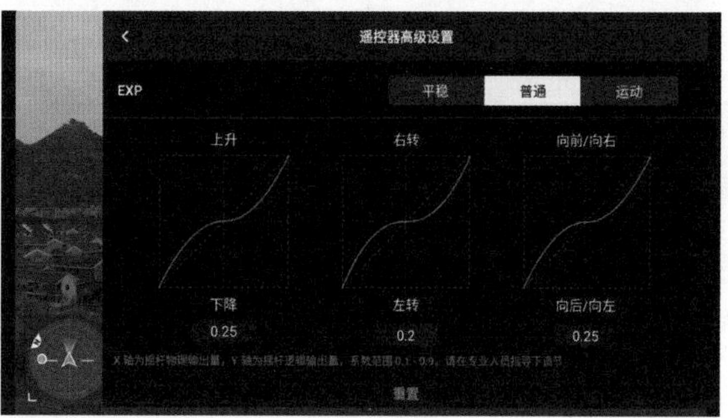

（EXP 曲线）

大疆的遥控器都有 3 个飞行挡位，分别是平稳挡、普通挡、运动挡。3 个挡位分别对应着不同的 EXP 曲线，足以满足我们日常的航拍需求，只需根据拍摄的需要，就能快速切换成自己想要的飞行感度。

（1）左边是平稳挡。使用这个挡，在打杆时航拍无人机产生的响应速度会较慢。

（2）中间是普通挡。适合日常的航拍飞行或打杆练习。

（3）右边是运动挡。启用时，航拍无人机如果有避障功能，那么就会关闭。飞行时的整体速度会大幅提升，但是航拍无人机的耗电量也会很快，适合用来拍摄运动速度较快的物体。不建议新手使用运动挡来进行飞行练习。

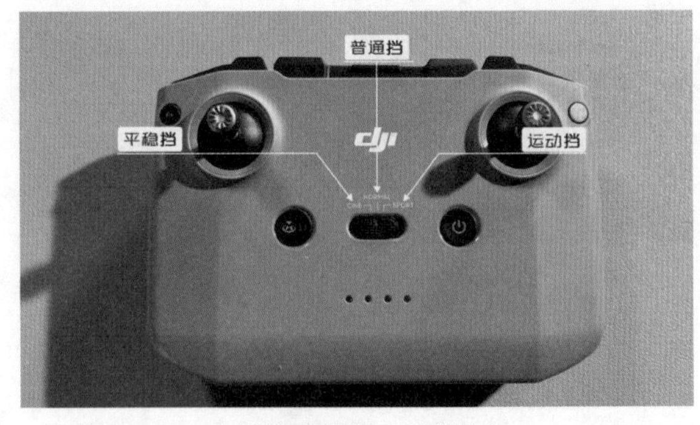

（大疆遥控器的 3 个挡位）

关于 EXP 曲线和挡位键知识的具体应用在 4.9 节中会进行详细讲解，这里大家做一个了解即可。

1.3.5 遥控器的电源键

电源键通常有两个功能，下面分别进行介绍。

（1）短按一次，可以通过相应的 LED 指示灯查看遥控器的电量，一格代表总电量的 0%~25%。

（2）短按一次，再长按约 2 秒，可以启动或关闭遥控器。

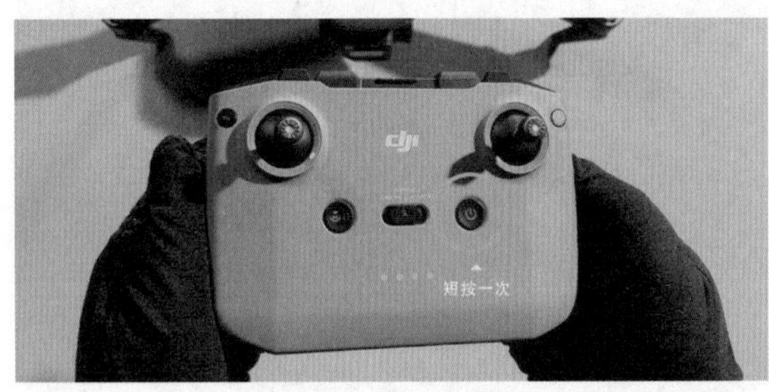

（遥控器的电源键操作 1）

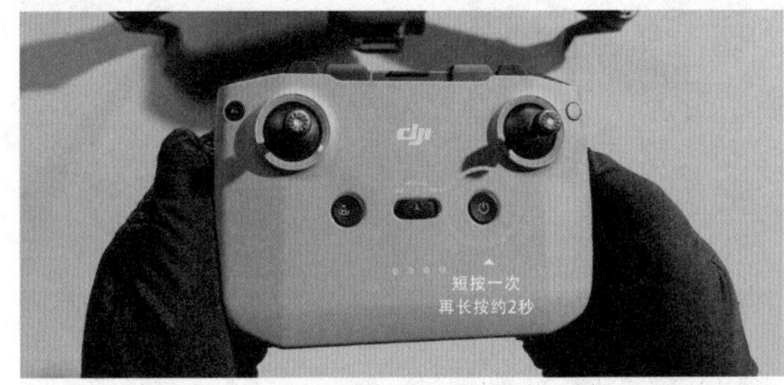

（遥控器的电源键操作 2）

大疆航拍无人机的各组件电源都是这样的操作，短按看电量，短按再长按是开启或关闭有关设备。

1.3.6 遥控器的急停 / 返航键

遥控器上标有字母 H 的键为急停 / 返航键，通常与电源键并排，急停 / 返航键通常也有两个功能。

（遥控器的急停 / 返航键）

长按可以启动航拍无人机智能返航，在航拍无人机智能返航的过程中，短按一次此按键将取消智能返航。

航拍无人机在空中飞行时直接短按，航拍无人机将会在空中紧急刹停，遇到紧急的情况时可以通过这个键来避免或降低风险。

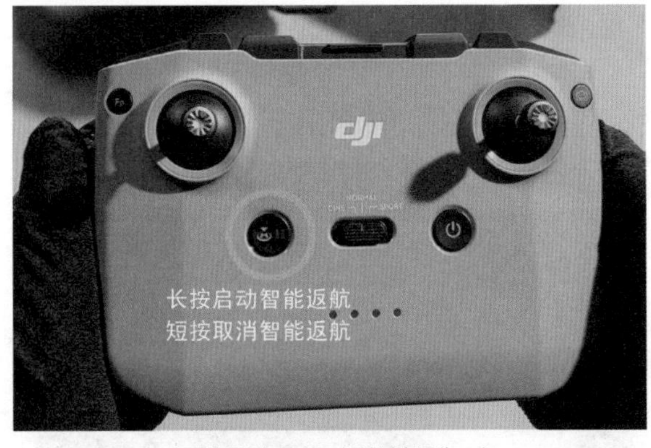

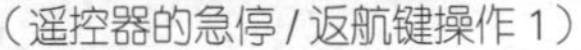

（遥控器的急停 / 返航键操作 1）

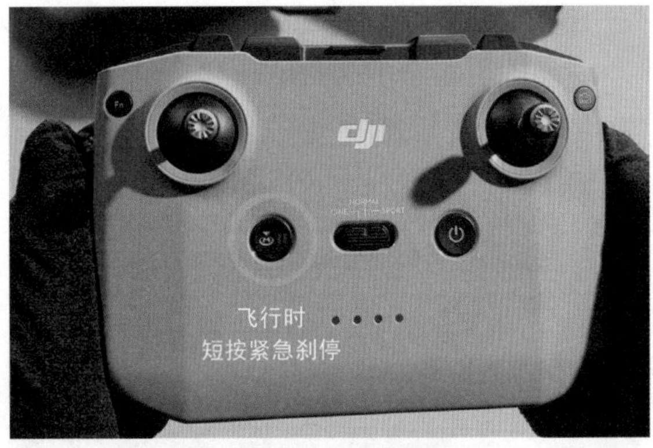

（遥控器的急停 / 返航键操作 2）

急停的功能，只在 GNSS（全球导航卫星系统）信号良好或视觉系统开启，且光照充足的情况下有效。

1.3.7 遥控器的拨轮键

遥控器的前端通常至少有一个拨轮，主要用来控制航拍无人机上的相机云台的俯仰角度，以便在航拍时能够配合航拍无人机的飞行姿态来对画面进行操作。

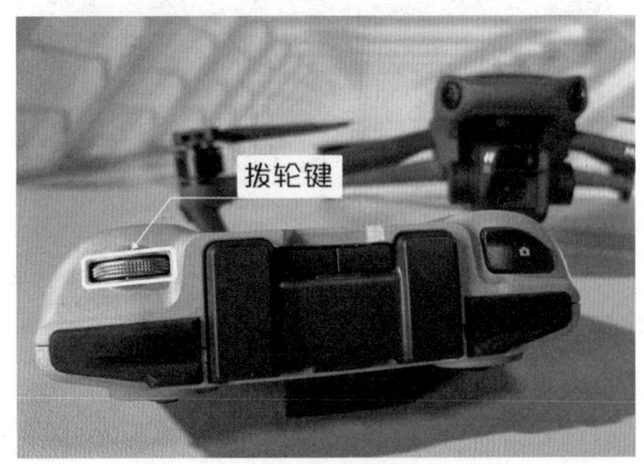

（遥控器的拨轮键）

1.3.8 遥控器的拍摄键

遥控器的前端通常都会设计拍摄键，用于相机的录像或拍照。这里大家了解一下即可，因为通常都是在飞行界面中控制的，很少在这里使用。

（遥控器的拍摄键）

1.3.9 遥控器的自定义键

根据遥控器类型的不同，每一款遥控器上都会设有相应的自定义快捷按键，飞手在后期飞行熟练之后，有时会形成自己特别的飞行或拍摄等操作习惯，可以根据自己的偏好对这些快捷键进行设置。

下面是自定义键的设置步骤和方法。

（1）航拍无人机与遥控器成功连接后，在飞行界面中点击“系统设置”图标。

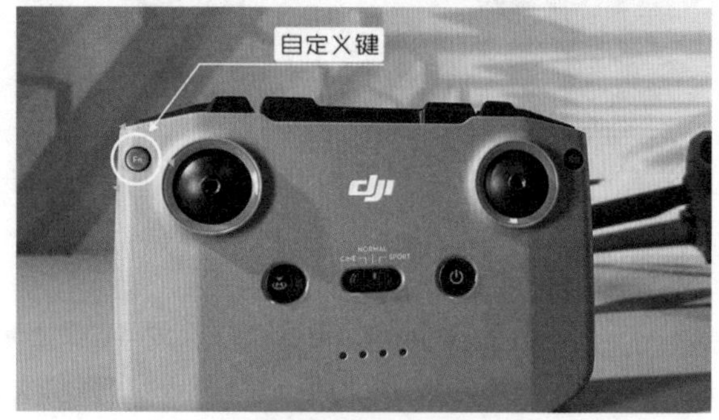

（遥控器的自定义键）

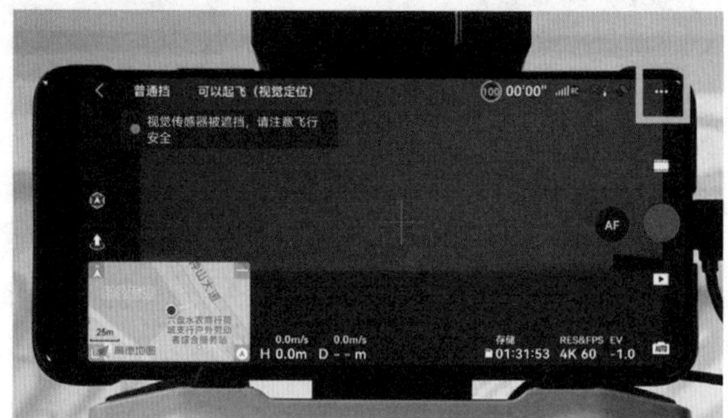

（点击“系统设置”图标）

（2）在“操控”界面中找到“遥控器自定义按键”。

（3）进入界面后，会看到与遥控器对应的自定义键设置，如“单击”自定义键设置。

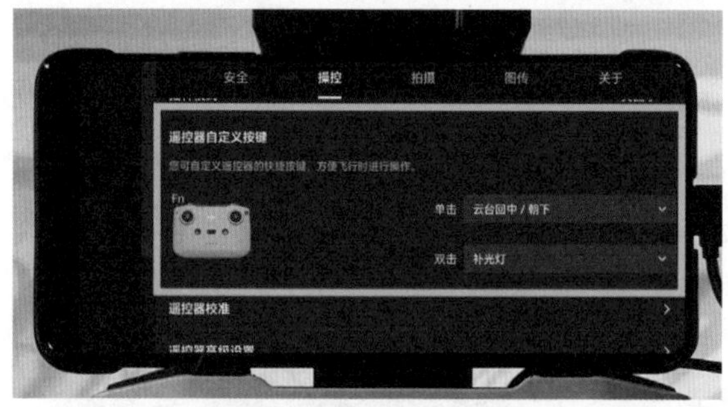

（找到“遥控器自定义按键”）

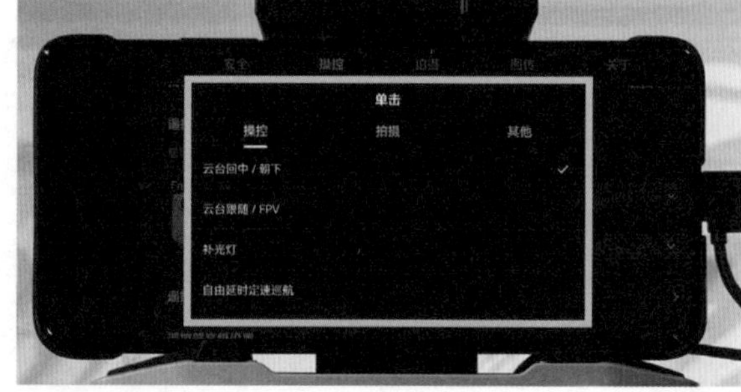

（“单击”自定义键设置）

1.3.10 遥控器的打杆方式

飞手在飞行时，如果想平稳地打杆运镜，建议用双指操作。这样有两个发力支点，大拇指作为主要发力点；食指作为辅助，起到限位阻力的作用，这样的打杆力度相对来说要稳定得多，对新手也比较友好。

飞手在飞行时，如果想快速作出反应，那么在飞行熟练之后建议用单指操作，单指打杆相对来说较为快速灵活。

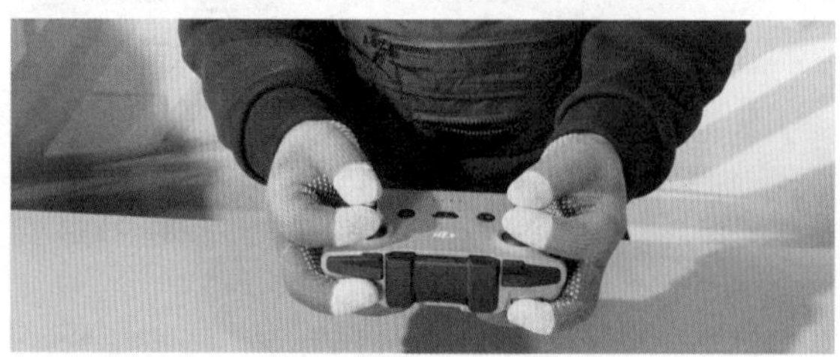
（双指打杆操作示例）

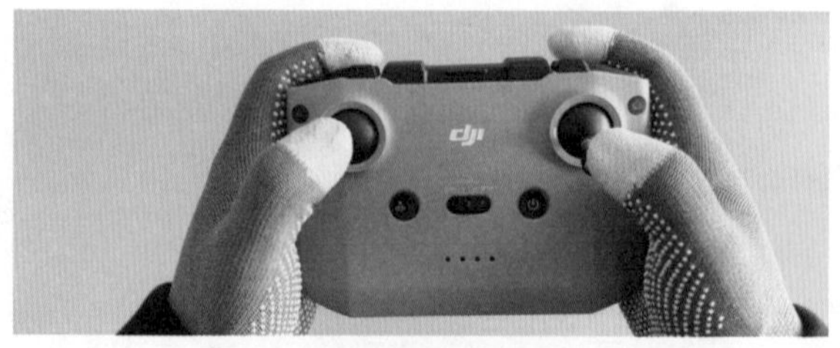

（单指打杆操作示例）

这也不是固有规定，飞手可以根据自己的习惯选择操作方式。但是无论你选择什么方式打杆运镜拍摄，都要先把基本功练好，好的运镜是经过长期的练习和实践打磨出来的。关于基础的打杆操作，后面的飞行训练章节会带大家一起练习。

（手机微信扫码观看相关视频教程）

1.4 航拍无人机使用前的准备工作

很多飞手拿到航拍无人机后以为就可以开始飞了，但是不做相关准备，你将无法操作航拍无人机。接下来以大疆航拍无人机为例，为大家介绍航拍无人机的 SD 卡、飞行程序、飞行账号注册等准备工作。

1.4.1 航拍无人机的 SD 卡安装

（1）将购买的高速 Micro SD 卡安装到航拍无人机相应的位置，安装的时候注意航拍无人机上的标识，留意卡斜口朝向。

（2）如果使用的是带屏遥控器，那么将容量小且写入速度慢的放在带屏遥控器，用来缓存相关数据或低质量影像。遥控器的运行是需要内存的，很多飞手没有在遥控器端安装 SD 卡，航拍的时候，缓存记录和下载的航拍影像素材、飞行数据，全都在遥控器中。而遥控器的内存是非常小的，最大的也只有 16GB，经过一段时间的使用，容易造成遥控器运行卡顿、操作不顺畅等现象。

在带屏遥控器端安装 SD 卡后，飞手可以把飞行记录的文件及运行数据移动至 SD 卡，这样就不会占用带屏遥控器的内存了。

（3）除 Mavic 3 Cine 大师版外，少部分机型的机身内置有内存，但通常其他消费级航拍无人机都没有内存或内存空间很小（通常只有 8GB），4K 分辨率以上的素材最多只能录制 10 分钟左右，根本无法满足日常的航拍需求。航拍的素材是非常占用空间的，不装 SD 卡素材将无法被记录。

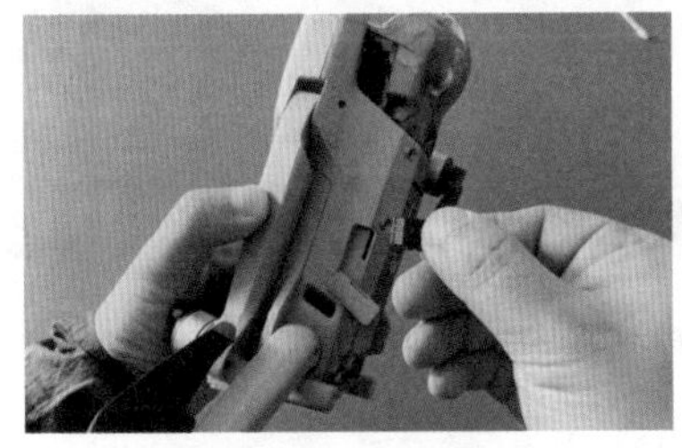
（DJI Air 2S 机身安装 SD 卡）

（DJI RC Pro 遥控器安装 SD 卡）

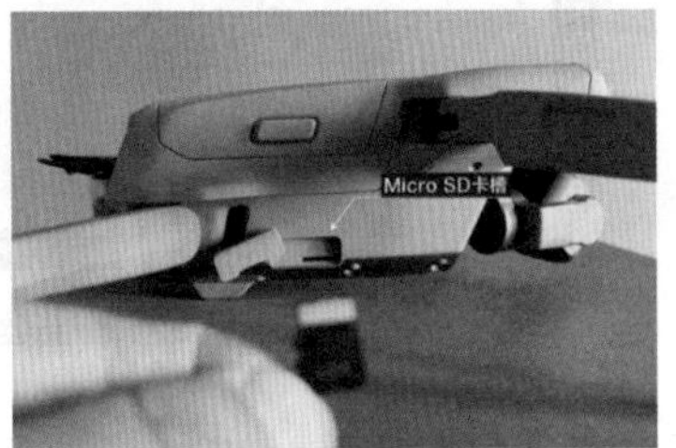

（DJI Air 2S SD 卡槽）

1.4.2 安装飞行 App

❶ 飞行 App 安装流程

在飞行时，一般需要通过 App 飞行界面来实时监看飞行状态和拍摄效果。这里以 DJI Fly 为例进行介绍。

带屏遥控器不用考虑这个程序的安装，因为其在出厂时就已经提前安装了，只需连接 Wi-Fi 更新就可以用了。如果遥控器需要外接手机或平板电脑的移动端，那么就得提前将这个程序安装在上面。

（DJI Fly 标志）

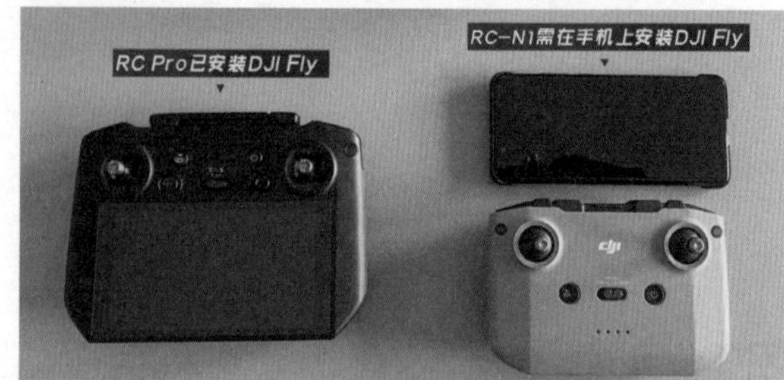

（已安装程序和待安装程序）

下面是程序安装的具体步骤。

（1）将手机连接 Wi-Fi。

（2）在包装盒底部，找到 DJI Fly 下载的二维码，打开手机浏览器扫描，在出现的窗口中点击直接下载，或者是去手机应用市场或大疆官网下载安装。

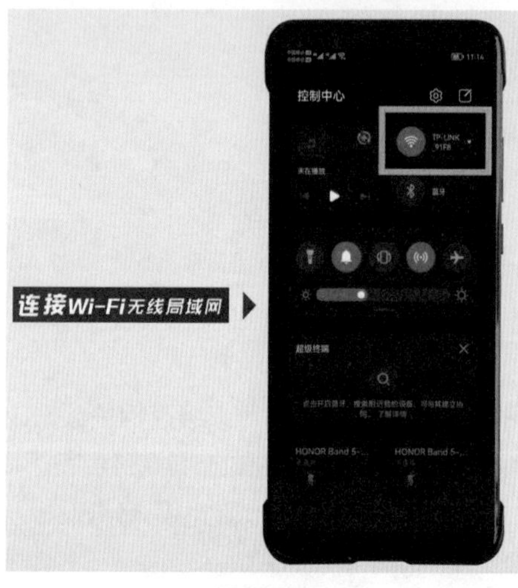

（连接 Wi-Fi）

（二维码下载）

（3）进入“用户协议”界面，点击“同意”按钮。

（4）进入“手机权限申请”界面，点击“一键设置”按钮。

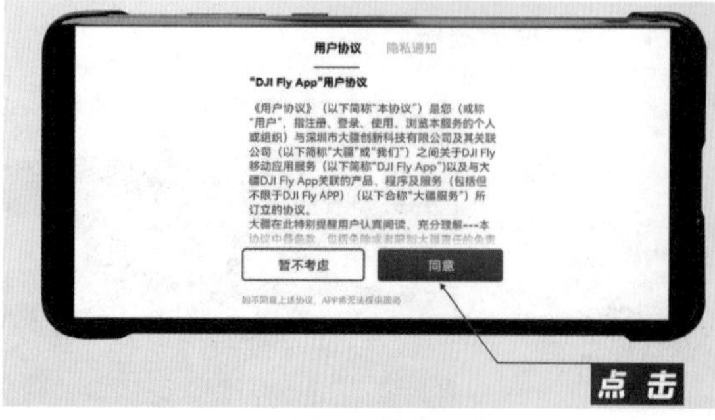

（用户协议）

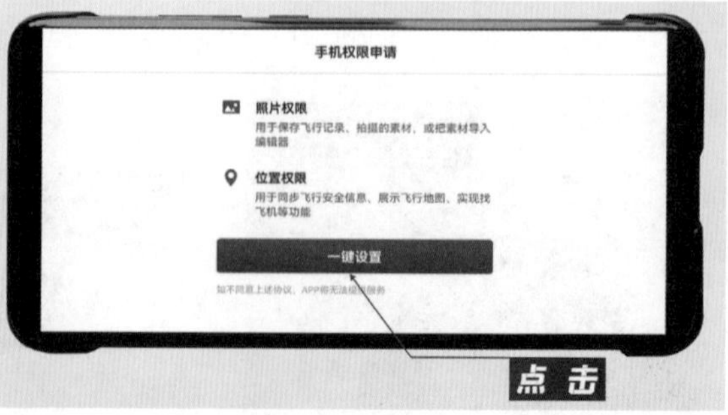

（手机权限申请）

（5）安装时出现位置信息提示，点击“仅使用期间允许”按钮。

（6）出现相册访问权限提示，点击“允许”按钮。如果点击后没有用，那么就进入手机隐私中，找到 DJI Fly 把权限开启。

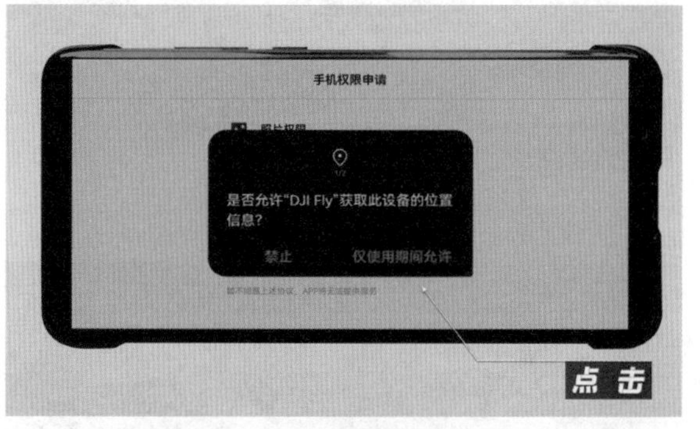

（位置信息提示）

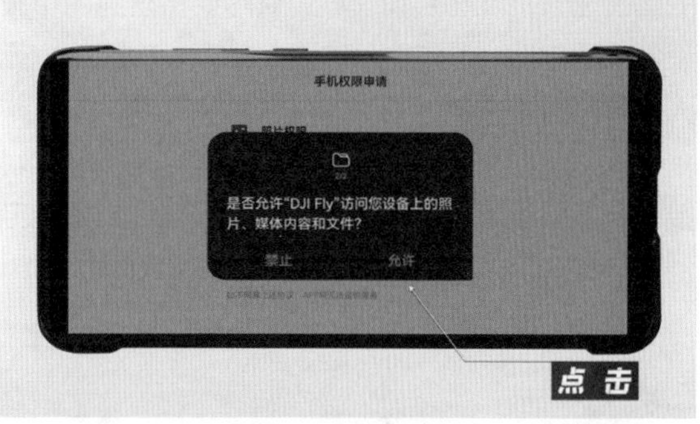

（相册访问权限提示）

（7）设置完成之后，会弹出一段新手指引动画，建议初学者观看。

（8）如果不想看指引动画，那么就点击“跳过”按钮，进入“产品改进计划”界面，可随意点击“加入”或“暂不考虑”按钮，至此 DJI Fly 就安装成功了。

（新手指引动画）

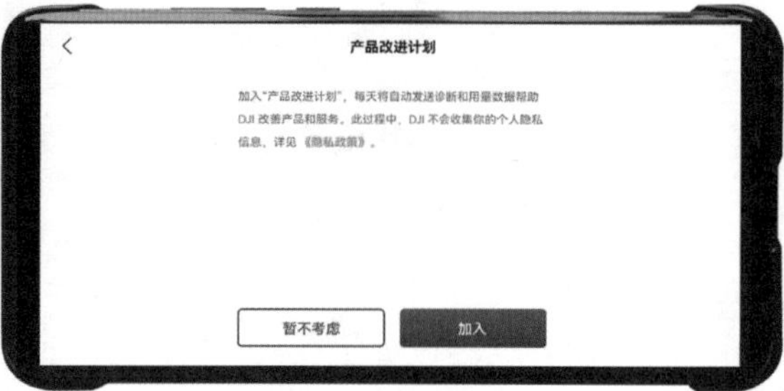

（产品改进计划）

❷ 关掉“自动进入飞行界面”功能

DJI Fly 成功安装之后，记得在界面中将“自动进入飞行界面”这个功能关掉，以便后续固件升级和购买随心换。

（1）在主页界面中点击“我的”按钮。

（2）找到“设置”界面，将“飞行界面”中的“自动进入飞行界面”功能关掉。

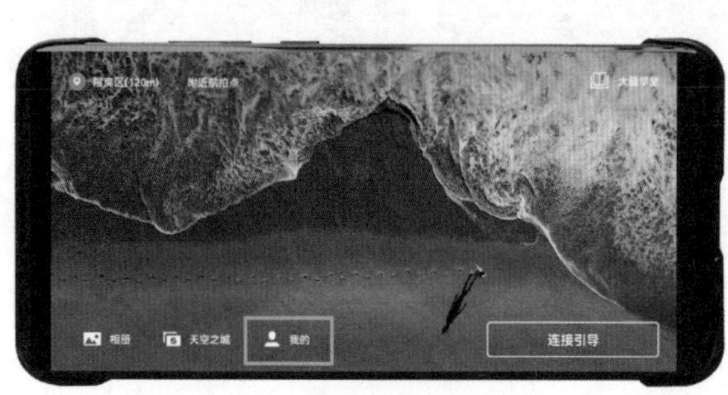

（主页界面）

（“设置”界面）

1.4.3 激活电池

（1）激活航拍无人机电池。很多飞手说新购买的航拍无人机不能启动，其实只需要将电池用相关设备接通电源，通电1分钟以上就可以唤醒航拍无人机相关组件的电池了。

（2）激活遥控器电池。遥控器也是一样的，接通电源后通电1分钟以上就可以唤醒遥控器的电池了。

建议将电池的电量充至三格以上，以便后续固件升级等操作。

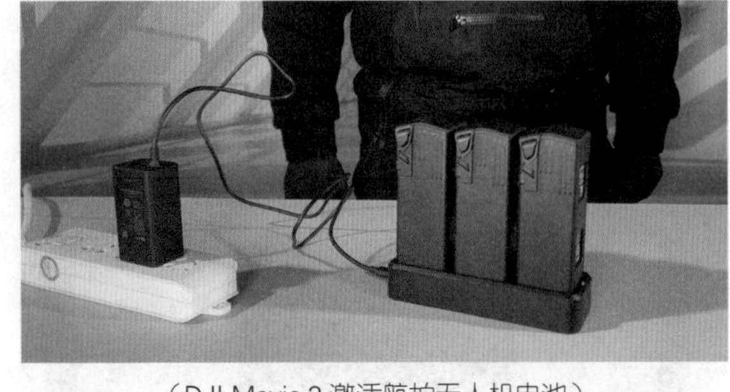

（DJI Mavic 3 激活航拍无人机电池）

（DJI Mavic 3 激活遥控器电池）

1.4.4 激活航拍无人机

（1）短按一次再长按约2秒，分别开启航拍无人机和遥控器的电源，待航拍无人机与遥控器、DJI Fly 三者之间进行连接。

这里提醒一下大家，如果是需要连接手机的遥控器，那么当启动遥控器时，手机上的 DJI Fly 会自动启动，同时会弹出 USB 连接的对话框。这里要选择“仅充电”选项，其他选项可能会导致连接出错。

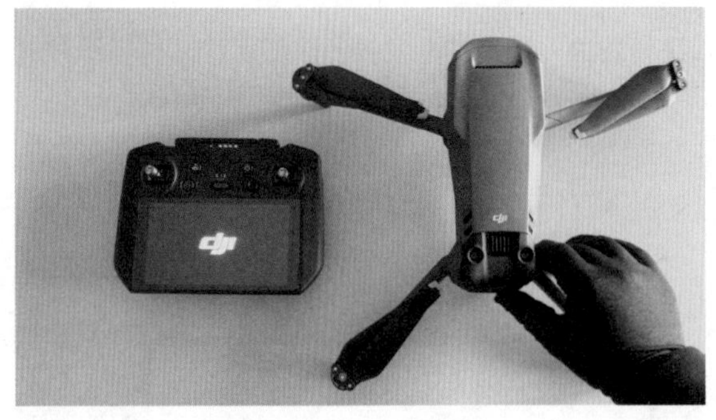

（DJI Mavic 3 开启电源）

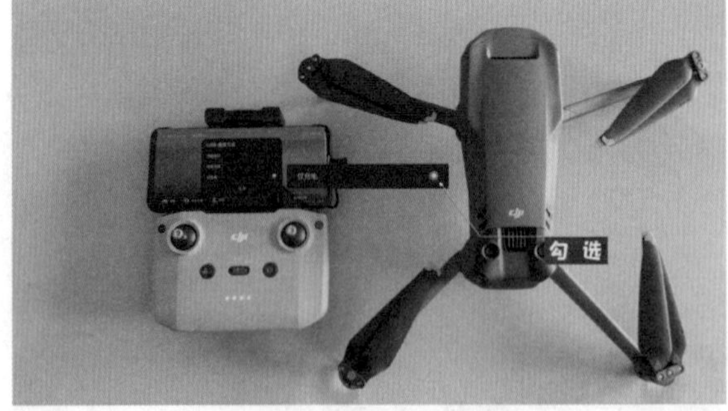

（DJI Mavic 3 USB 连接方式）

（2）航拍无人机与遥控器、DJI Fly 三者之间成功连接之后，DJI Fly 会进入相应航拍无人机型号的专属界面，连接提示区的下方会弹出蓝色的“激活”按钮。

（3）点击“激活”按钮，开启“激活 DJI 设备”下的“DJI 航拍飞行器产品使用条款”选项，点击“同意”按钮，此时之前的蓝色“激活”按钮会变成“GO FLY”按钮，至此完成航拍无人机的激活。

（DJI Mavic 3型号的专属界面）

（激活 DJI Mavic 3 设备）

1.4.5 相关绑定

（1）遥控器绑定。在进入飞行界面时，首先会让我们绑定遥控器，然后才可以去绑定随心换或享受其他服务。

（2）随心换绑定。如果是刚购买的 DJI 航拍无人机，DJI Fly 与航拍无人机、遥控器是第一次连接，那么会弹出随心换的服务，可以在 48 小时内考虑是否购买。如果是新手，那么建议购买多份保障，随心换相关的知识在 7.3 节中会详细介绍。

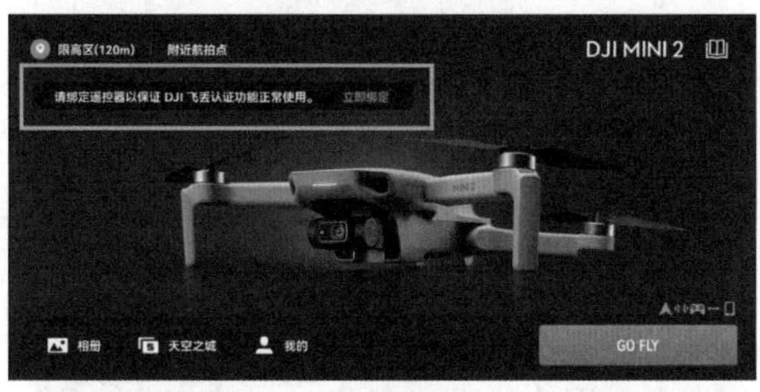

（DJI Mini 2 遥控器绑定）

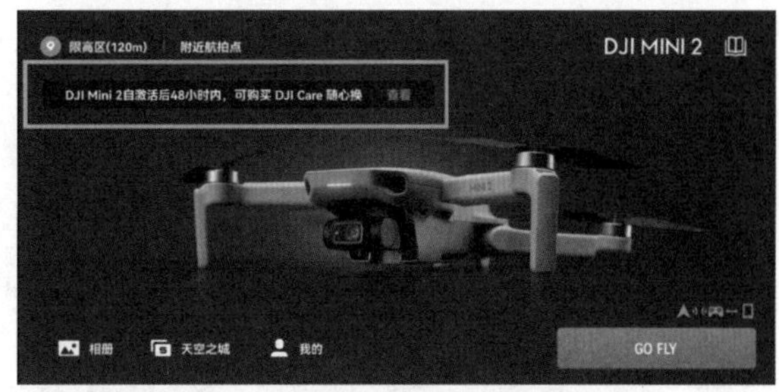

（DJI Mini 2 随心换绑定）

1.4.6 固件升级

（1）如果你的航拍无人机组件不是最新固件，那么每次连接航拍无人机与遥控器，DJI Fly 主界面左上角都会提示固件升级。

（DJI Mavic 3 固件升级）

（1）点击“GO FLY”按钮，航拍无人机将会自动进行固件升级。由于升级过程中 DJI Fly 会下载大量的升级固件包，所以建议在有 Wi-Fi 的情况下进行升级。

（2）在升级过程中，不要对航拍无人机和遥控器进行任何操作，更不要去关闭航拍无人机和遥控器的电源，避免升级失败。

（3）在固件升级过程中，遥控器中间的两个指示灯会快速交替闪烁，有时遥控器与航拍无人机会自动重启，这些都属于正常现象。

（2）点击“更新”按钮，进入固件升级界面，左边可以查看最新的固件都更新了哪些内容，右边可以查看升级的进度。

（3）升级完成之后，DJI Fly 左上角的提示栏会提示遥控器固件更新成功。

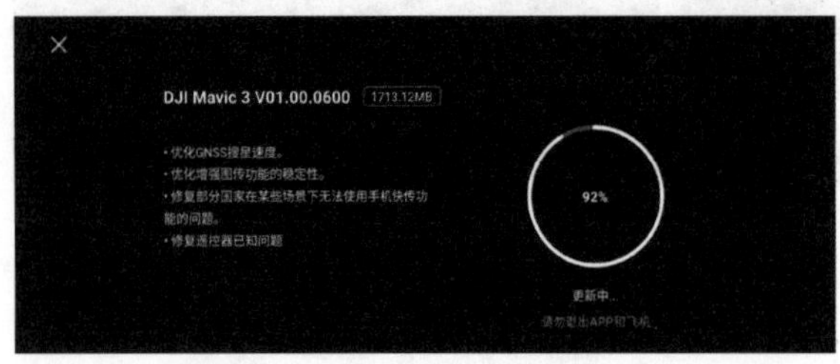

（DJI Mavic 3 固件升级界面）

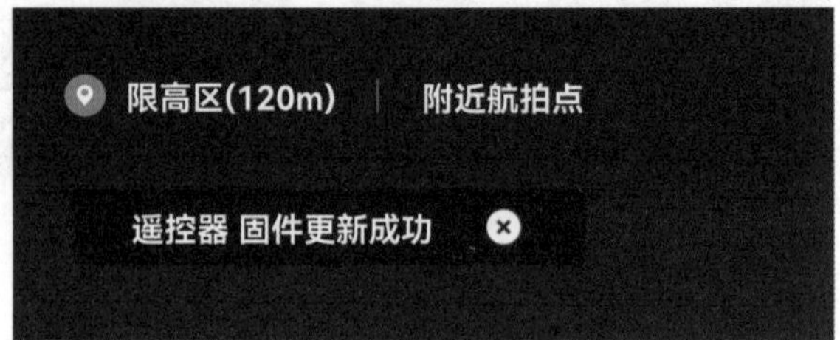

（遥控器固件更新成功）

特别说明1

有时在升级完航拍无人机之后，为航拍无人机换上新的电池，DJI Fly 界面会再次提示我们进行固件升级，这是因为航拍无人机的固件升级包含机身、遥控器、电池三个部分。

在对航拍无人机进行固件升级时，机身、遥控器和装在机身上的电池，三者会同时升级。

如果没有接上航拍无人机机身的电池，那么说明电池并没有参与升级。将没有参与升级的电池装上，根据提示再次进行升级即可。

（DJI Mavic 3 电池安装）

（航拍无人机的固件）

（参与升级的固件）

特别说明2

当弹出安全数据更新时，记得点击“GO FLY”按钮，更新方法与固件更新是一样的。

在飞行时，为获得更安全和更好的飞行体验，请飞手们保持航拍无人机在最新的固件和最新的安全数据下飞行。

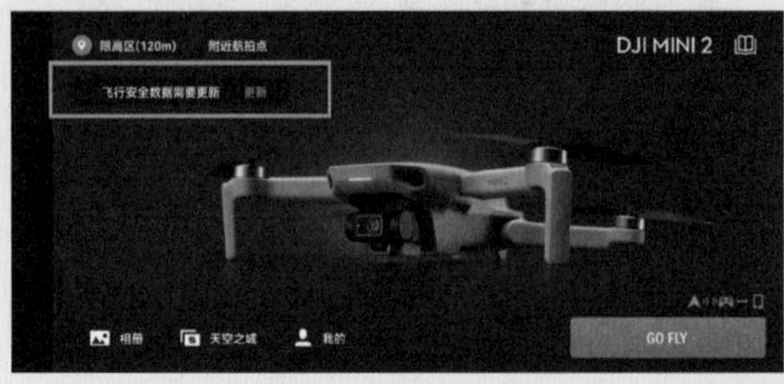

（DJI Mini 2 安全数据更新界面）

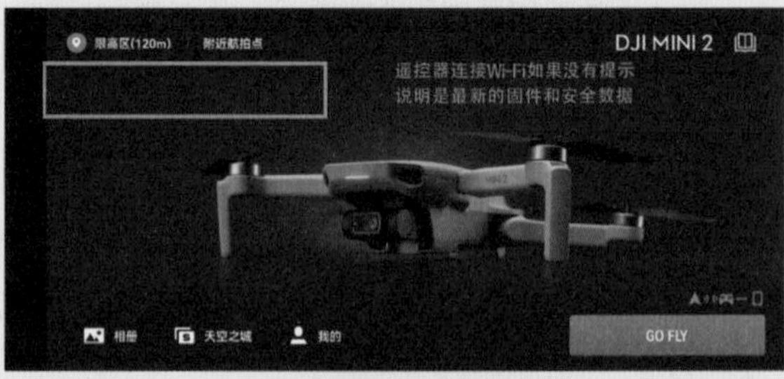

（DJI Mini 2 已更新最新安全数据）

如果是炎热的天气，那么在航拍无人机升级固件时，升级时间过长，有些机型会有发烫的现象，一般是没有什么影响的，介意的话可以开启风扇给它散热。

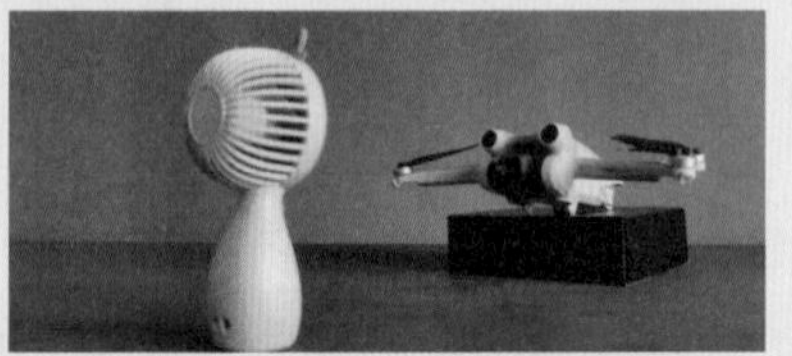

（DJI Mini 3 利用风扇散热）

2 飞行 App：学习 DJI Fly 飞行 App

本章以 DJI Fly 为例，带大家学习飞行 App 的主界面、飞行界面、系统设置。

2.1 DJI Fly 主界面功能详解

（手机微信扫码观看相关视频教程）

每一款航拍无人机都有自己专用的飞行 App，熟悉飞行 App 才能保证航拍无人机的正常工作。购买航拍无人机时，建议下载与之对应的飞行 App，用来指导飞行。本节以 DJI Mavic 3 机型为例进行讲解。

提示

航拍无人机的飞行 App 是一个不断完善升级的过程，DJI Fly 也不例外，由于时间关系，这里所演示的 DJI Fly 版本可能较早，界面部分的布局可能会有略微差异，学习时请以最新版本为准，但并不影响本教程的学习。

2.1.1 飞行 App 学习基础

大疆从最早的 DJI GO 系列进化到现在的 DJI Fly，一直在优化升级。

（DJI 飞行 App 的进化）

DJI Fly 也是目前大疆消费级航拍无人机的主流飞行 App，建议大家下载使用。

而 DJI GO 支持的航拍无人机机型在 2022 年之后，大多数都处于停产状态，如 DJI GO 4。

（DJI Fly 是主流飞行 App）

（DJI GO 支持的机型）

为什么大疆要以 DJI Fly 为主流的飞行 App 呢？主要原因分析如下。

（1）注重飞行过程中的安全因素，如飞行状态提示区会将环境对飞行的限制和影响直观地体现出来。

（2）整体界面布局简洁且人性化，如系统设置会进入几乎全屏化的界面，方便飞手调节各项设置。

2.1.2 主界面切换

（1）DJI Fly 主界面最常用也最主要的功能只有 3 个，即飞行环境检查、相册使用、应用存储管理。其他不常用的功能，大家简单了解即可。

（2）没有连接航拍无人机时，启动 DJI Fly，会来到 DJI Fly 的主界面，主题背景会随机更换。

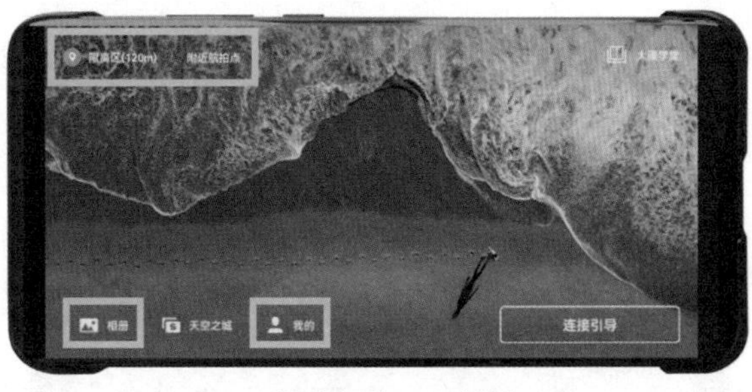

（最常用的三个功能）

（单独启动 DJI Fly 时的界面）

（3）将航拍无人机与遥控器成功连接后（具体方法详见 1.4.4 小节），界面右下角会显示出“航拍无人机、遥控器、移动端的三者已连接”，界面的背景会切换成当前所使用的机型，同时“连接引导”按钮也会变成“GO FLY”按钮。

（4）点击“GO FLY”按钮，可以进入飞行界面，点击“返回”图标回到主界面。

（航拍无人机与遥控器成功连接后的显示）

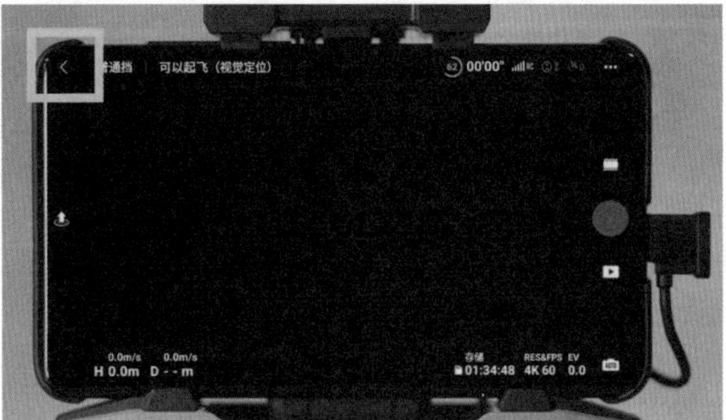

（进入飞行界面）

2.1.3 飞行环境查询

❶ 地图操作方式

（1）新手在起飞前，一般会有这样的烦恼，如“我要去试飞的环境到底适不适合飞行？有没有飞行限制？”。其实在主界面的左上角，有当前区域的飞行环境提示与附近航拍点，建议大家点击查询，了解一下周围的环境。

（2）点击左上角的提示区按钮，会进入类似于汽车导航一样的地图界面，在这里可以查看详细的信息。建议大家根据提示信息，做出合理的飞行计划。

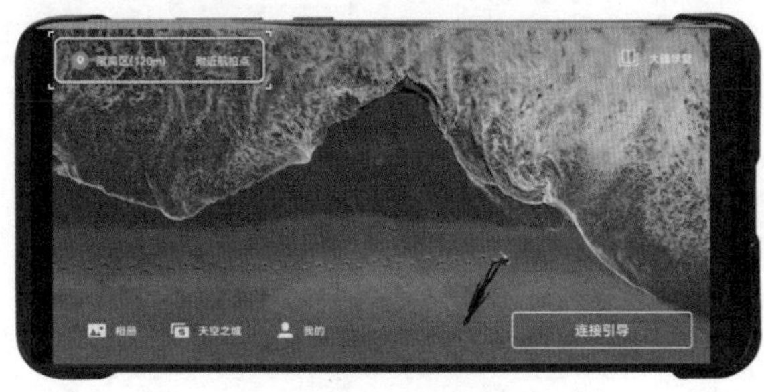

（飞行环境提示与附近航拍点查询）

（飞行导航界面）

（3）左上角会自动显示出当前所处位置附近的航拍点，建议在这里输入要去的地点名称，提前查看飞行环境。

（4）点击地图任意位置，会出现蓝色的“位置标记”图标。如果标记的位置有飞行环境限制，那么会在左边出现提示；如果飞行环境良好，那么将不会有任何提示。

（航拍点查询与推荐）

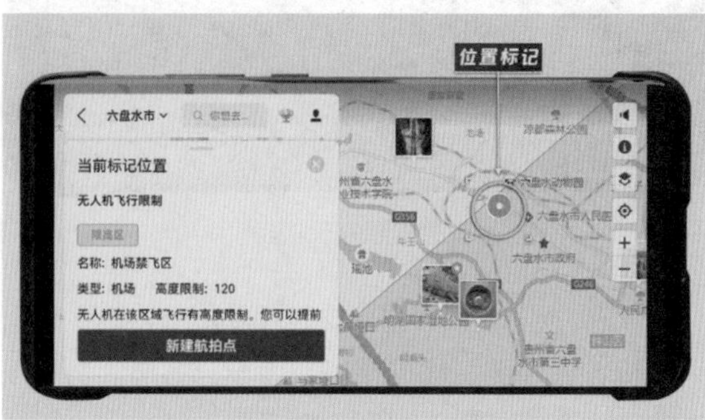

（标记航拍点提示）

（5）双指内收滑动可以将飞行地图缩小。如果附近有机场，那么会看到类似于糖果形状的红色区域，区域内是禁飞区；灰色长方形区域，是只能在120m以内的高度飞行。

（机场活动范围）

如果有特殊的航拍需求，需要飞行的高度超过120m，那么就得提前申请空域并得到有关部门的批准，才能在规定范围内飞行。

❷ 地图提示功能

（1）地方最新的政策法规通知。航拍时，如果你正前往这些地点航拍飞行，那么就得注意相关的通知规定，若有限制，就得及时调整航拍飞行计划。

（2）地图色块对照表。不同的颜色区域代表不同的含义，可以在色块对照表中查看颜色对应的说明。

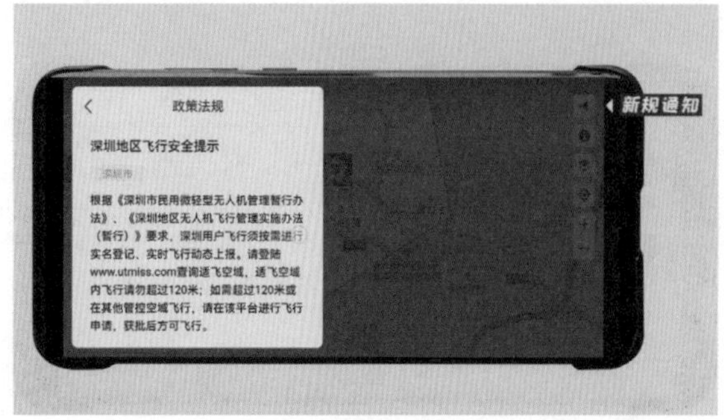

（新规查询）

（地图色块说明）

（3）地图显示模式切换工具。可以根据自己的观看习惯进行切换，有卫星图和平面图两种显示模式供大家选择。

（地图显示模式的切换）

2.1.4 大疆学堂

（1）点击“返回”图标，返回主界面。

（2）主界面右上角是大疆学堂入口，里面有产品使用教学及飞行攻略。

（点击“返回”图标）

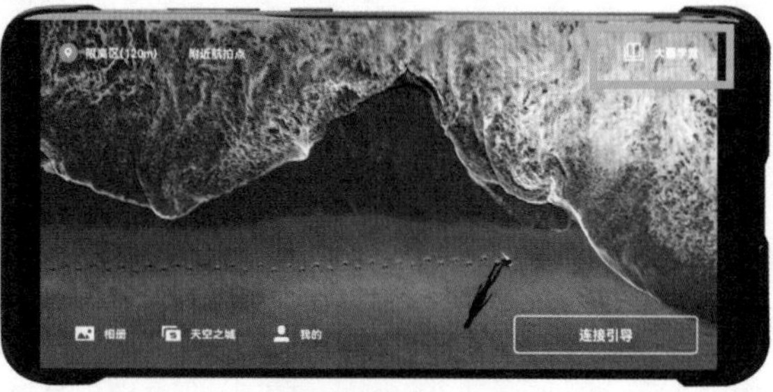

（大疆学堂入口）

（3）点击“大疆学堂”图标进入界面后，可以选择相应的产品进行学习。

（4）笔者之前分享过很多关于无人机航拍的教程，大疆官方也有收录进去，感兴趣的飞手可以搜索“寻点”进行观看。

（机型选择）

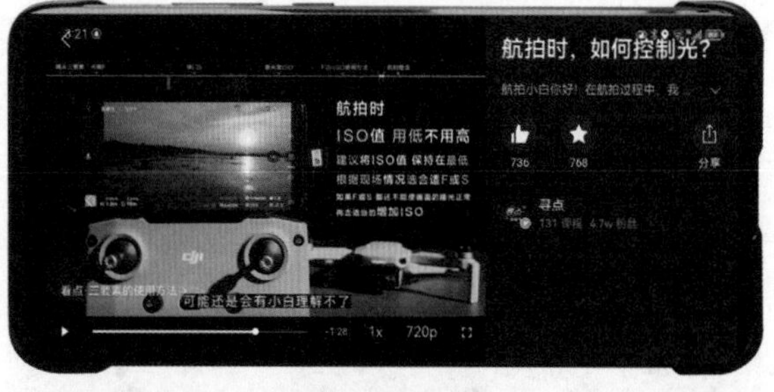

（大疆学堂笔者主页）

2.1.5 “相册”功能

（1）回放预览。主要是查看航拍无人机所拍摄到的影像素材。

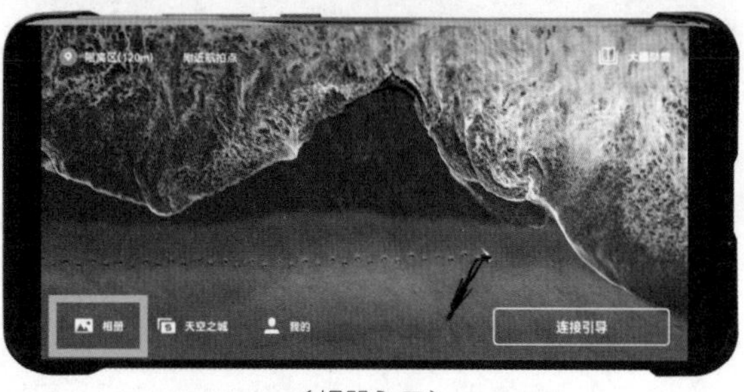

（相册入口）

（2）素材下载。启动移动端（指安装 DJI Fly 的手机、平板电脑、带屏遥控器等）的 DJI Fly，与航拍无人机连接之后，可以通过主界面的“相册”功能，将机身上的原始素材下载到移动端。

（3）素材创作。点击“创作”按钮，可以对素材进行简单的短片制作。

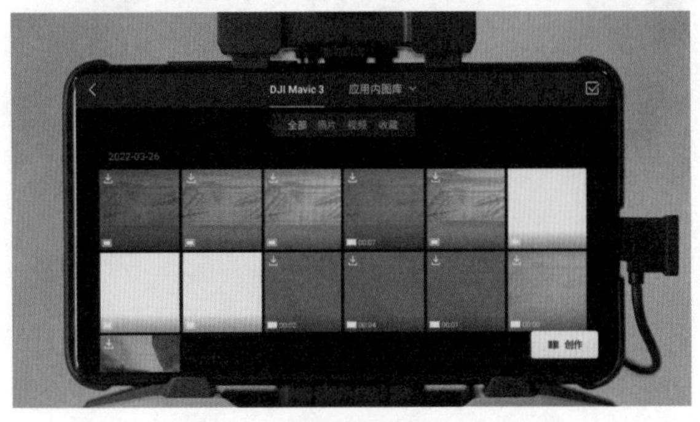

（相册界面）

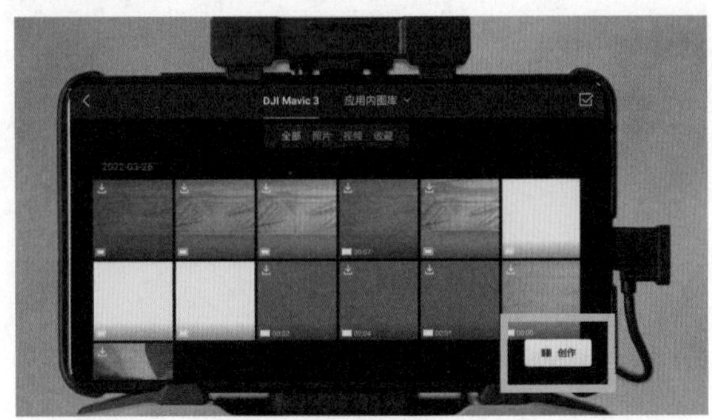

（相册界面的创作功能）

2.1.6 “天空之城”功能

“天空之城”里面有许多精彩的视频或图片，供大家参考、学习和交流，建议大家看一看。

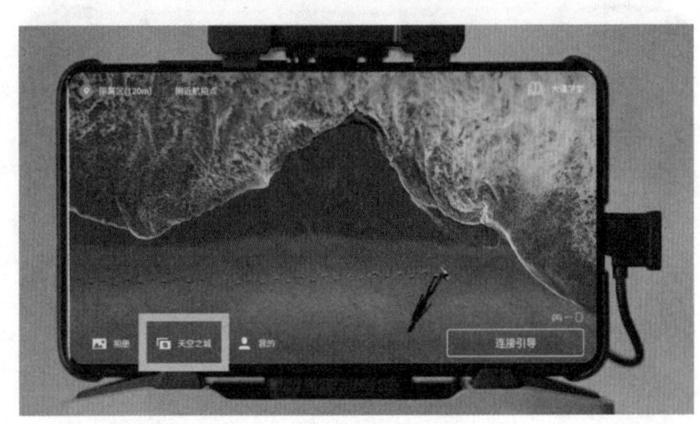

（天空之城入口）

2.1.7 “我的”功能

（1）点击“我的”按钮，可以进入“我的”偏好设置界面，可以根据自己的使用习惯进行设置。

（2）“我的”界面右上角有一个耳机图标，这是大疆的客服功能。在飞行过程中，如果遇到产品有问题，那么可以通过这个图标咨询客服。

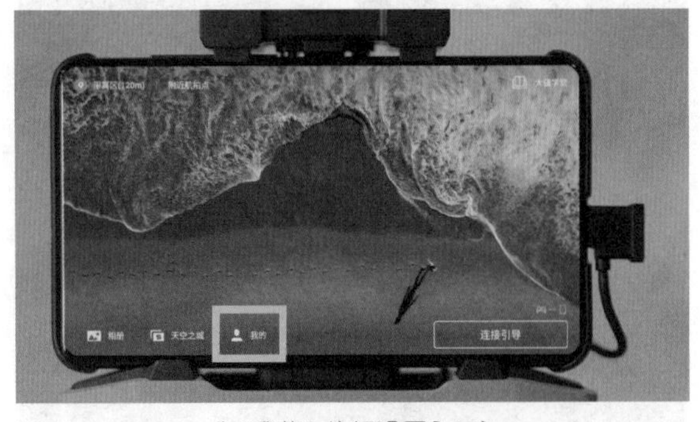

（“我的”偏好设置入口）

（客服咨询入口）

（3）左边区域是 DJI 账号的个人信息，在这里可以根据自己的喜好编辑个人资料和更换头像，还可以查看航拍无人机的飞行数据等。

（4）设备管理。点击“设备管理”按钮，可以查看自己账号下的航拍无人机设备的信息。

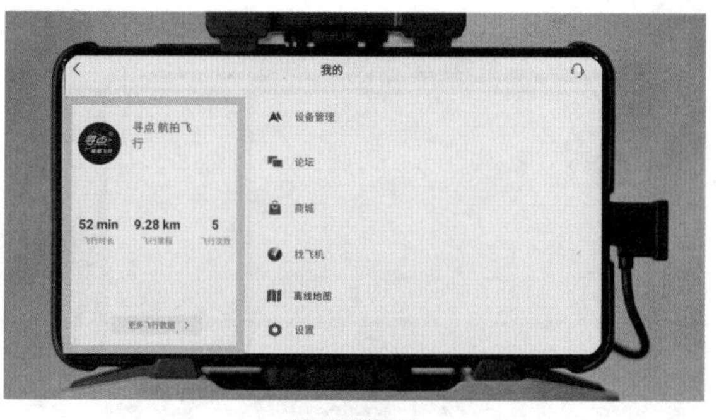

（飞行数据）

（设备管理入口）

（5）论坛。点击“论坛”按钮，可以进入大疆社区，在这里可以和大家一起交流讨论航拍无人机有关的问题。

（6）商城。点击“商城”按钮，可以进入大疆商城，在这里可以选购喜欢的产品。

（论坛入口）

（商城入口）

（7）找飞机。点击“找飞机”按钮，可以看到地图导航。航拍无人机在飞行过程中如果发生状况，导致航拍无人机失联，那么使用这个功能可以缩小航拍无人机的搜索范围，这样更容易找到失联的航拍无人机。

（找飞机入口）

（“找飞机”导航地图）

（8）离线地图。可以根据自己所在的城市或要前往的目的地，提前连接 Wi-Fi 下载离线地图，便于飞行时查看完整的地图信息，避免飞行时浪费数据流量。

（“离线地图”下载入口）

（9）设置。点击“设置”按钮，即可根据自己的偏好进行设置。

（设置入口）

下面是笔者自己的设置，建议大家根据需要进行参考，完成自己的设置。

（1）固件更新。建议保持默认设置。

（2）飞行数据同步。建议开启。

（3）飞行界面。建议取消自动跳转，便于购买随心换、绑定航拍无人机等操作。

（4）航拍小提示。建议开启。

（5）手机快传无线频段。下载机身内存或 SD 卡上记录的原始素材文件时，如果有 Wi-Fi，那么建议将其关闭；如果没有 Wi-Fi，那么建议将其打开。

（6）飞行语音包（Beta）。里面有不同风格的声音，下载之后可根据偏好选择使用。

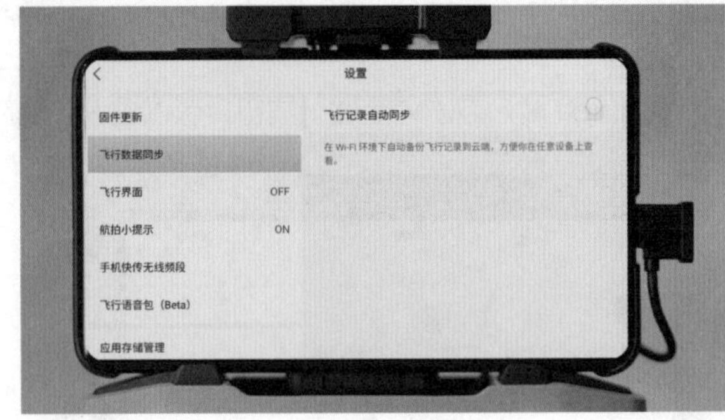

（“设置”界面）

2.1.8 “设置”界面中的“应用存储管理”

本节以 DJI Mavic 3 机型为例进行讲解。

❶ 使用 RC-N1 或需连接手机端的遥控器

连接手机时，在手机端的“设置”界面中，“应用存储管理”中只有“清除缓存”选项，缓存容量过多时，可以将缓存定期清除。如果不定期清除，那么设定的缓存容量满了之后，再次航拍后新的缓存内容将不会被记录，所以建议大家养成定期清除的习惯。

（“清除缓存”的位置）

❷ 使用 RC 或 RC Pro 带屏遥控器

（1）带屏遥控器的“应用存储管理”设置界面会多出遥控器机内与 SD 卡存储位置及存储空间的选项。

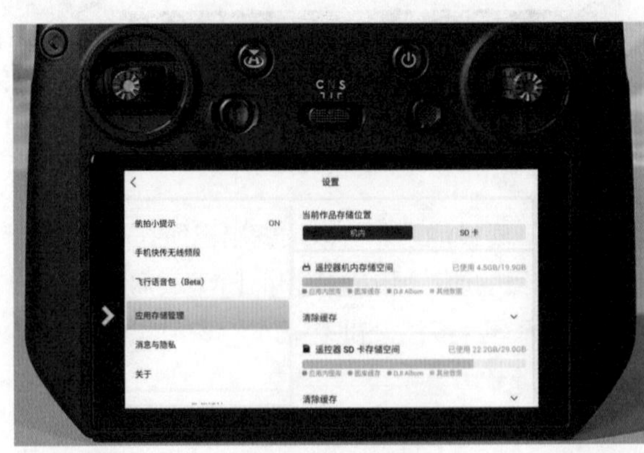

（带屏遥控器存储界面）

（2）遥控器的下方插入 Micro SD 内存卡时，可以通过“当前作品存储位置”点击切换，使用 SD 卡存储。

（3）切换使用 SD 卡时，需要等待数据迁移完成，才能将飞行航拍的相关数据存储在 SD 卡上。

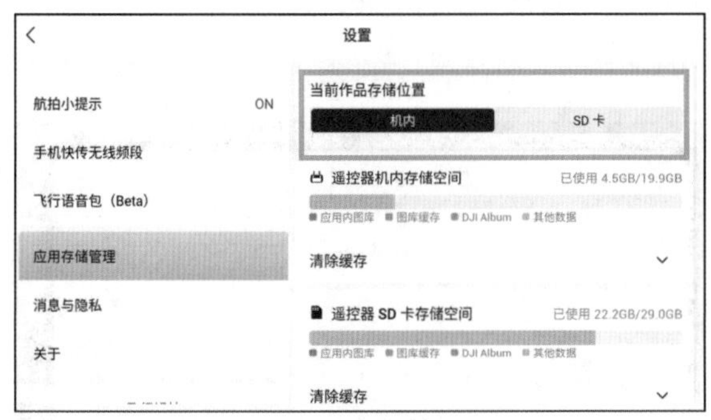

（带屏遥控器存储位置选择）

（带屏遥控器数据迁移提示）

（4）当数据迁移完成，飞行航拍的相关数据将直接在 SD 卡上运行或存储，这样可以节约遥控器的内存运行空间。

（5）也可以在此界面中定期清除 SD 卡缓存，节省内存空间。

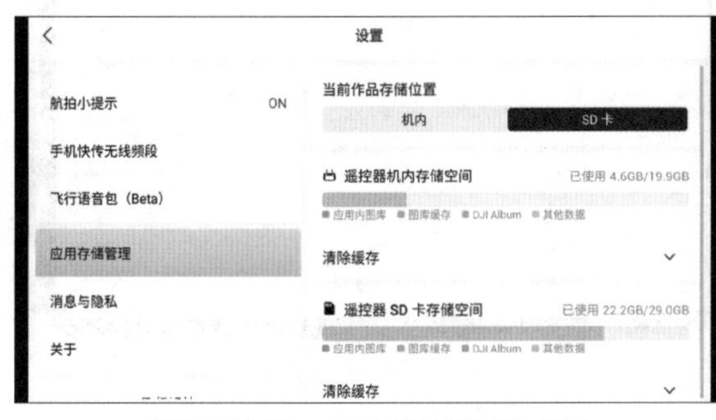

（带屏遥控器 SD 卡存储位置切换成功）

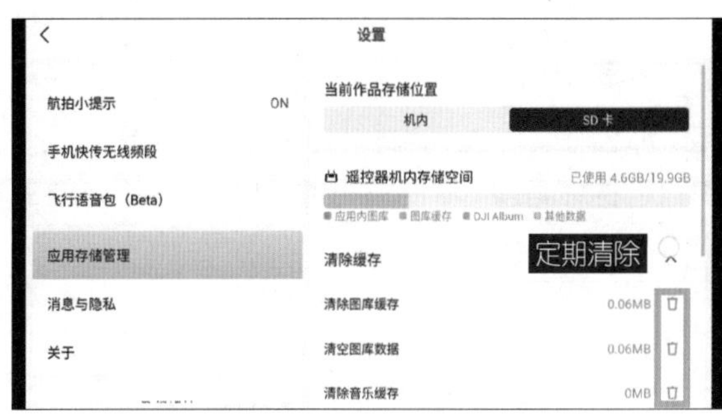

（带屏遥控器“清除缓存”的位置）

（1）在使用带屏遥控器端口插入 SD 卡时，遥控器的系统会提示相关信息，如你要这张 SD 卡用来干吗？建议选择第 1 个选项。

（2）在需要取出 SD 卡时，建议先关闭遥控器再取出 SD 卡，不要在开启遥控器的状态下取出 SD 卡，这样容易损坏 SD 卡。

（3）取出的 SD 卡用读卡器接上电脑或移动端，就可以读取卡中有关素材了。

2.1.9 “设置”界面中的其他选项

（1）消息与隐私。建议全部开启。

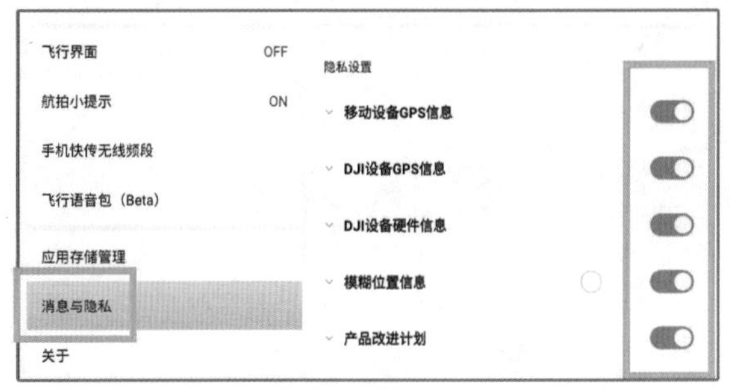

（消息与隐私全部开启）

（2）飞行解禁。如果拍摄需求正好在飞行限制的区域，需要提前向有关部门申请解禁。当你得到审批时，大疆会给一个证书文件，将证书文件存放在这里，就可以按要求进行航拍了。

（3）重置新手指引。在今后的操作中，如果将 DJI Fly 的设置打乱了，那么可以在这里重置，恢复到初始设置状态。

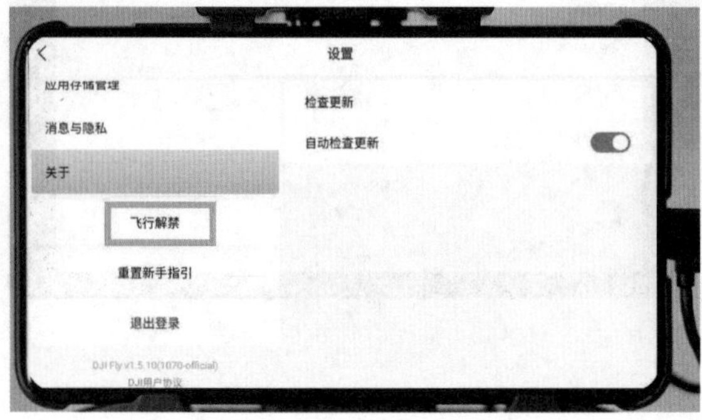

（打开“自动检查更新”功能）

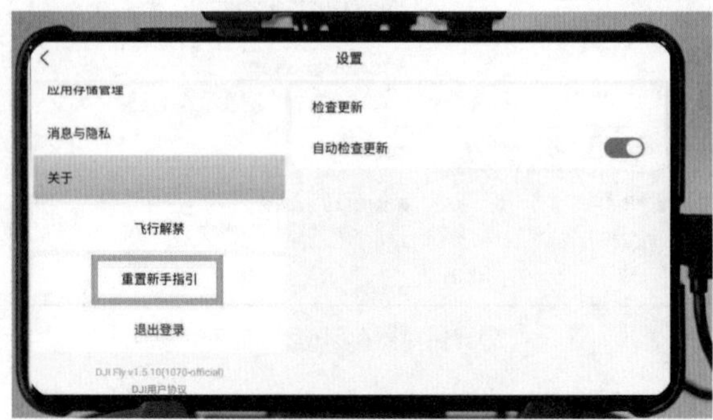

（重置新手指引－恢复出厂设置）

（4）退出登录。有时别人想要借用你的航拍无人机进行飞行，如果你不想拿自己的账号给他使用，那么可以在这里点击“退出登录”按钮，让他用自己的账号操作，以免出事故后造成不必要的纠纷。

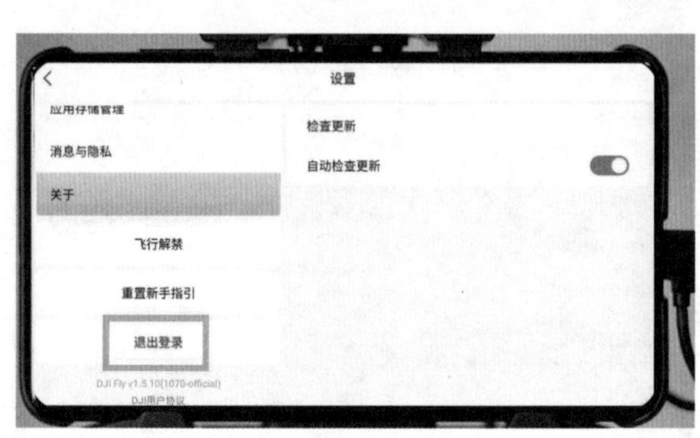

（退出登录）

2.2 DJI Fly 飞行界面功能详解

（手机微信扫码观看相关视频教程）

虽然新手经常会被复杂的飞行界面搞得晕头转向，但不管是什么 App，都可以使用“分区识别法”去熟悉飞行界面。本节以 DJI Mavic 3 机型为例进行演示。

2.2.1 分区识别法

（1）启动 DJI Fly，将遥控器与航拍无人机成功连接后，点击“GO FLY”按钮进入飞行界面。

（2）飞行界面分为“五个区域”和“一个设置”。“五个区域”分别是提示区、状态区、飞行区、相机参数区和相机控制区，“一个设置”是指系统设置。

界面右上角的三个小点为“系统设置”，这里单独提出来，将会在下一节中进行介绍。

（进入飞行界面）

（区域分布）

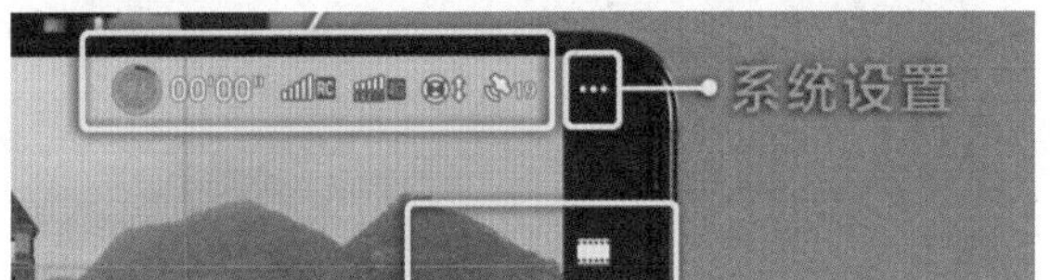

（系统设置）

2.2.2 提示区

航拍无人机在飞行时，如果遇到飞行限制或飞行状况提示，都会在这个区域进行显示。在飞行时，建议时刻注意这个区域的提示信息。

（提示区）

下面是提示区的相关信息介绍。

（1）挡位键显示。与遥控器的挡位键对应，如都是普通挡。

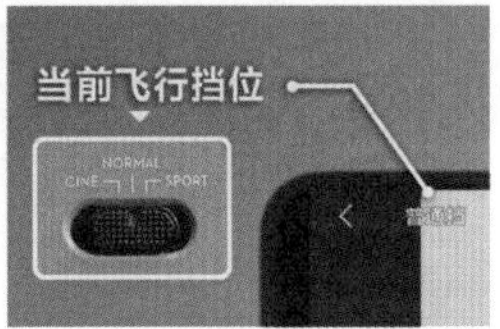

（挡位对应）

（2）飞行状态。显示当前飞行状态，如飞行中。还会提示各种警示信息，如返航点已刷新，请留意返航点位置。

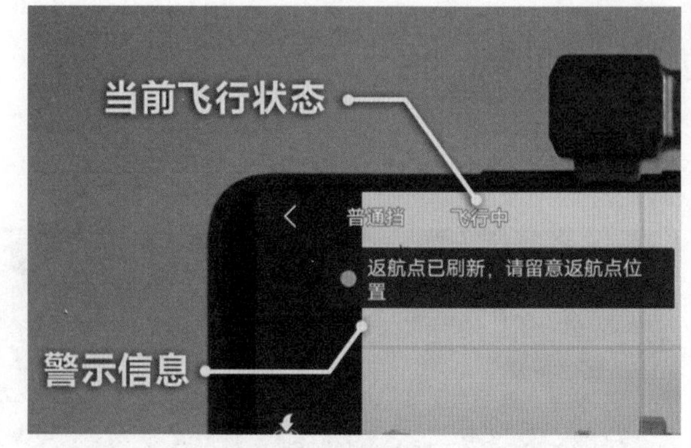

（状态显示与警示信息）

（3）点击“飞行中”可以查看更为详细的状态、提示内容和飞行范围设置。

（4）往下滑动，可以快速设置航拍无人机的智能返航高度、飞行过程中的最大高度和最远距离。此界面还可以看到当前SD卡的存储情况，如可用容量，能够完成快速格式化、删除SD卡的内容（记得先备份再删除）。

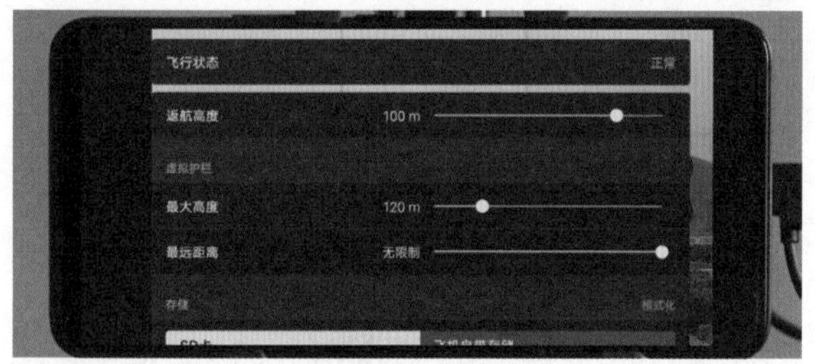

（状态详情及飞行设置）

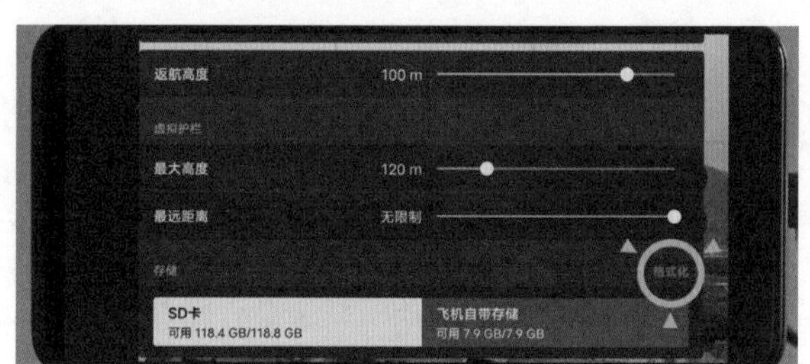

（飞行存储快速设置）

2.2.3 状态区

机身的飞行电量、传输信号及视觉系统都在这个区域。

（状态区）

（1）智能飞行电池信息。左边的绿色环球以百分比的形式显示电池的剩余电量，右边显示还可以飞行多长时间，单位为分钟和秒钟。

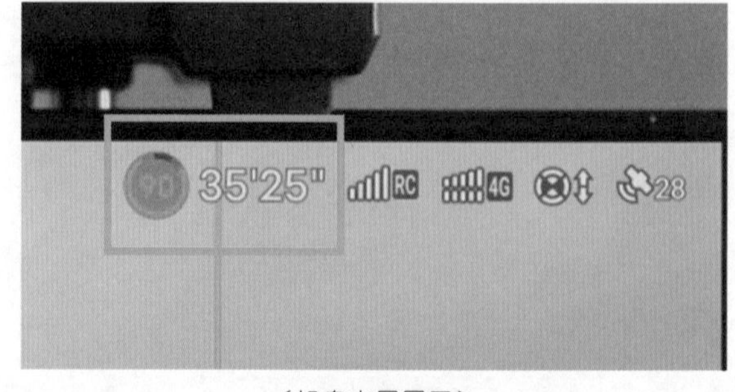

（机身电量显示）

点击百分比图标，可以查看更为详细的电池电量信息。

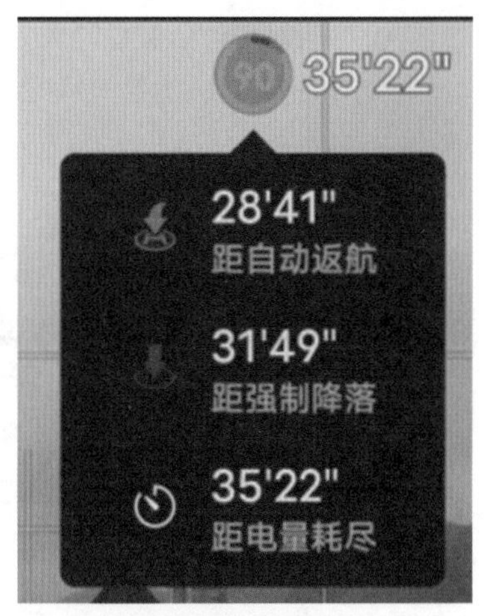

（机身电量显示详情）

在飞行时，需要注意电池的电量信息，以保证有充足的电量来支撑航拍与返航。如果耗电过度，那么航拍无人机将会强制下降。

（2）RC 英文。指当前遥控器与航拍无人机之间的信号传输为直接传输模式。

（3）信号格。指连接的信号强度，点击此图标可以查看当前信号强度。信号越强，航拍无人机的操控越稳定。

如果你的机型支持 4G 图传模块，那么当你安装了 4G 图传模块，这里会多出 4G 信号传输的显示，遥控器与航拍无人机之间的信号传输可以借助 4G 网络来进行。

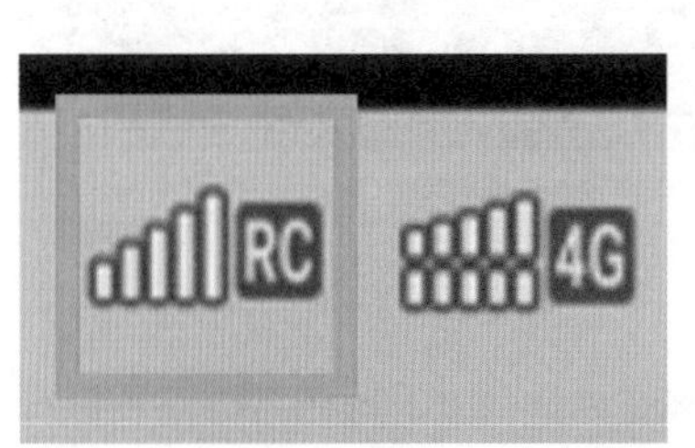

（RC 信号模式）

（RC 信号强度）

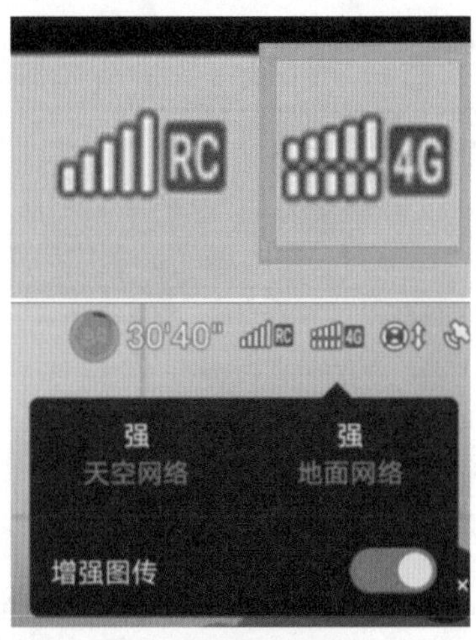

（4G 信号模式及强度）

（4）视觉避障系统。如果航拍无人机有视觉避障系统，那么状态区会显示视觉系统状态正常。通常情况下，航拍无人机起飞后都会自动开启，图标呈白色显示。

如果未开启或异常，那么图标将会呈红色显示。

（视觉避障状态）

（视觉避障状态未开启或异常）

（5）卫星信号。数值越大，飞行越稳定。

在空旷的室外，卫星信号相对较强，当航拍无人机找到合适的 GPS 数值时，图标会呈白色显示。

（卫星信号数值显示）

（卫星信号强度）

航拍无人机在找到合适的 GPS 数值时，提示区会显示“返航点已刷新，请留意返航点位置”，这时才可以起飞。建议新手在室外 GPS 卫星信号良好的环境下，进行实飞练习。

（返航点刷新提示）

2.2.4 飞行区

在飞行时，这个区域用来监看航拍无人机的飞行姿态、方位和导航等。

（飞行区）

下面是飞行区的各个功能介绍。

（1）一键功能图标。图标会随着航拍无人机的飞行状态产生相应的变化，可以根据飞行的需要进行运用。

（2）字母 H。代表航拍无人机与返航点之间在垂直方向上的高度，上方对应的是垂直方向的飞行速度。

（3）字母 D。代表航拍无人机与返航点之间在水平方向上的距离，上方对应的是水平方向的飞行速度。

（一键功能图标）

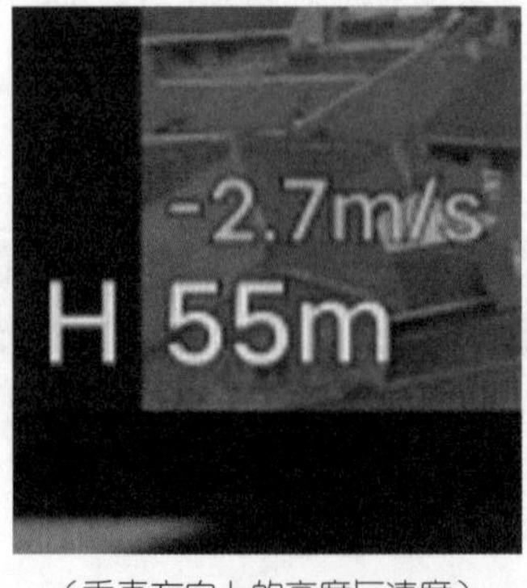

（垂直方向上的高度与速度）

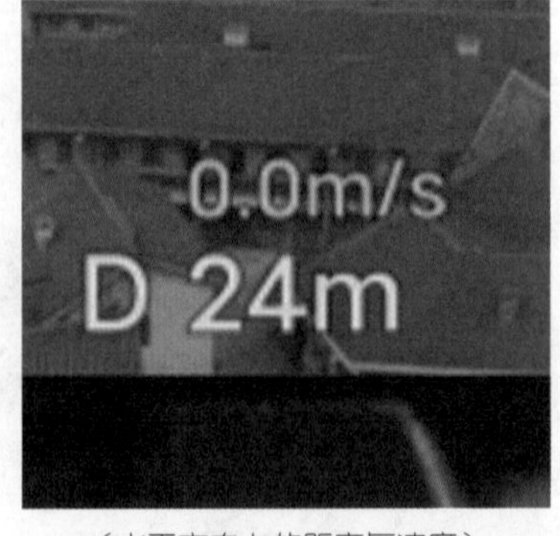

（水平方向上的距离与速度）

（4）飞行地图缩略图标。点击下图中蓝圈所标注的位置，可以在飞行地图与飞行姿态球之间来回切换。

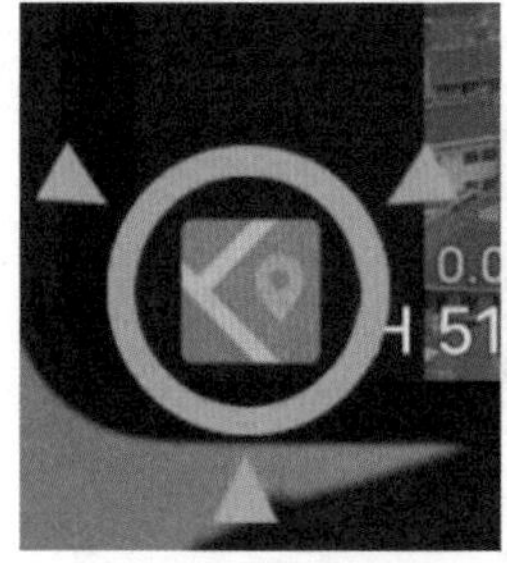

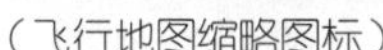

（飞行地图缩略图标）

（飞行地图）

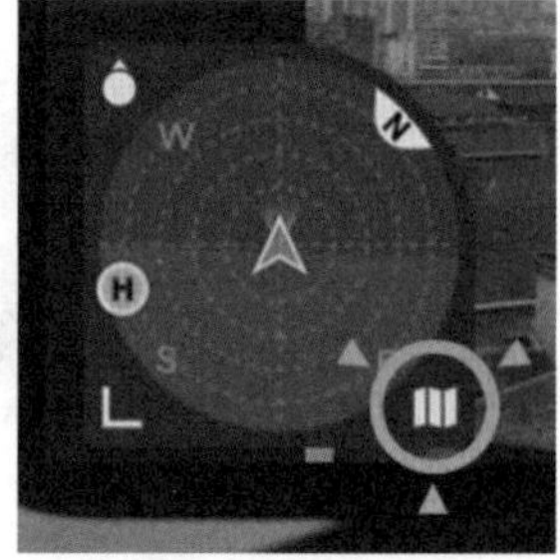

（飞行姿态球）

在飞行过程中，特别是超视距飞行，需要将地图与姿态球配合使用。通过地图的显示，能清楚明了地知道飞手与航拍无人机所处的位置。而姿态球可以实时观测到当前航拍无人机所在的方位和飞行姿态。关于飞行地图与飞行姿态球的相关内容，请用手机扫描右侧的二维码观看学习。

（飞行地图）

（飞行姿态球）

2.2.5 相机参数区

这个区域主要用来设置相机的拍摄参数，每次拍摄前，飞手可以根据需要提前在这里设置相应的参数。

（相机参数区）

相机的参数模式有 AUTO 自动模式和 PRO 专业模式，可以通过右侧的相机图标进行切换。

（相机的参数模式）

❶ AUTO 自动模式

AUTO 自动模式适合刚开始学习航拍的新手。

（1）EV 曝光值。拍摄时通过改变 EV 曝光值增加或减少画面的明暗。

（AUTO 自动模式）

（EV 曝光调节）

（2）RES&FPS。点击该图标可以设置分辨率与帧率。

（3）存储。点击该图标可以查看航拍无人机上的内存，了解目前还能录制多长时间，以及更换存储位置。

（分辨率与帧率）

（相机存储时长及存储设置入口）

❷ PRO 专业模式

PRO 专业模式适合有一定摄影基础的飞手使用。

（PRO 专业模式）

（1）WB。指白平衡数值。如果右上角出现字母 A，那么说明是自动白平衡；如果没有出现字母 A，那么说明是手动白平衡。这个功能主要用来调节画面的冷暖。

（2）S。指对应的快门数值。

（3）ISO。指感光度数值。

（4）F。指光圈数值。

（5）MM。指曝光补偿。目前曝光补偿只起一个参考的作用，不能进行调节。

（WB 白平衡）

（S 快门）

（ISO 感光度）

（F 光圈）

（MM 曝光补偿）

很多新手会苦恼于相机的专业模式下的这些参数，弄不清这些参数怎么配合使用。关于白平衡、感光度、快门、光圈之间是如何配合的，请扫描右侧的二维码观看学习。

（相机调参）

（白平衡）

（6）内存卡图标。用于显示航拍无人机内存的容量。点击内存卡图标，可以查看目前还能录制多长时间，点击该图标可以更换存储位置。

（机身存储时长及存储设置入口）

（相机存储位置更换）

（7）Norm.。点击该图标进入色彩模式后，可以根据需要选择相应的色彩模式进行拍摄。

（相机色彩模式更换）

（相机色彩编码）

关于色彩模式，建议新手用普通色彩进行录制。编码格式建议选择 H.265，若发现播放卡顿，则选择 H.264。视频格式，如果使用的是苹果系统，那么选择 MOV；如果使用的是其他系统，那么选择 MP4。

2.2.6 相机控制区

这个区域主要用作相机的功能模式切换、录制，以及拍摄等操作，常用的图标有录像 / 拍照按键、变焦调节图标、云台俯仰角度参考线、"回放"图标。

（相机控制区）

❶ 录像 / 拍照按键

（1）点击胶片图标，可以切换相应的拍摄模式。

（2）当切换成录像模式，这里充当的是视频的录制键。

（3）当切换成拍照模式，这里充当的是拍照键。

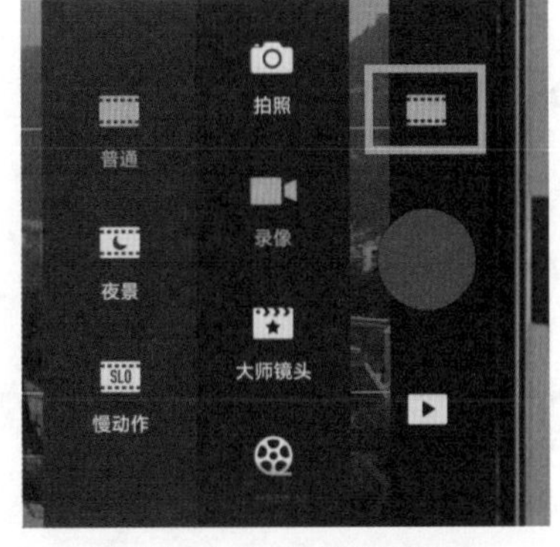

（点击胶片图标设置拍摄模式）

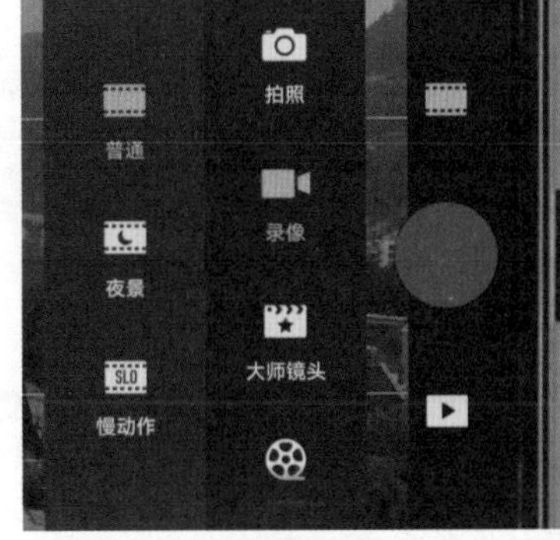

（录像模式）

（拍照模式）

相关的拍照功能详细教学，请扫描右侧的二维码观看学习。

（不同模式下的拍照）

（延时摄影）

❷ 变焦调节图标

（1）点击界面中的数字1.0x，相机镜头会呈倍数变焦，长按并拖动此图标可以实现顺滑的数字变焦。

（2）点击下方的两个三角形图标选择对焦模式，可以在AF（自动对焦）与上一个使用的对焦模式之间切换。

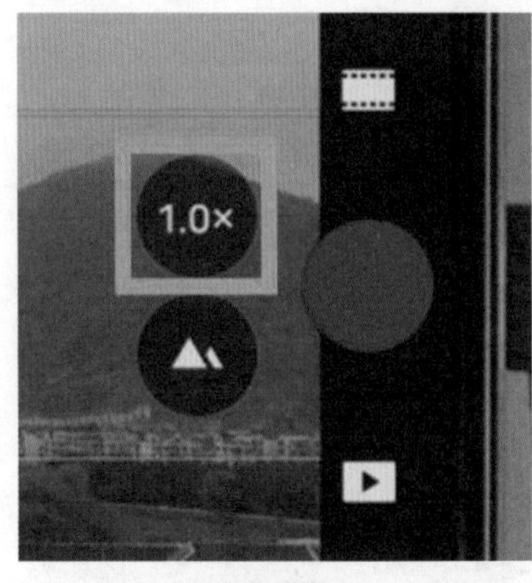

（变焦功能）

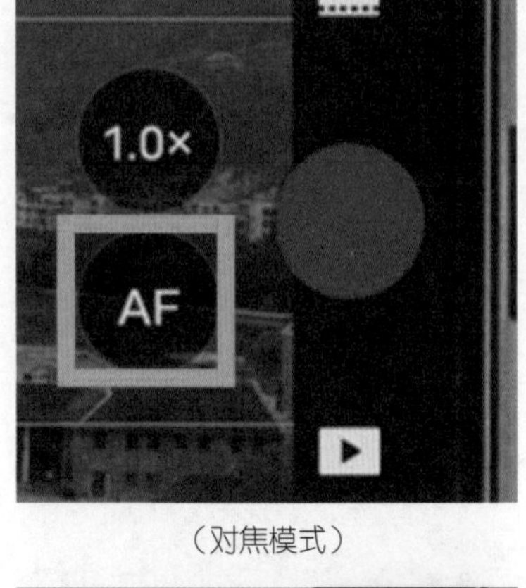

（对焦模式）

❸ 云台俯仰角度参考线

拨动遥控器上的拨轮键来控制云台的俯仰时，这里会出现角度值供你参考，如6°。

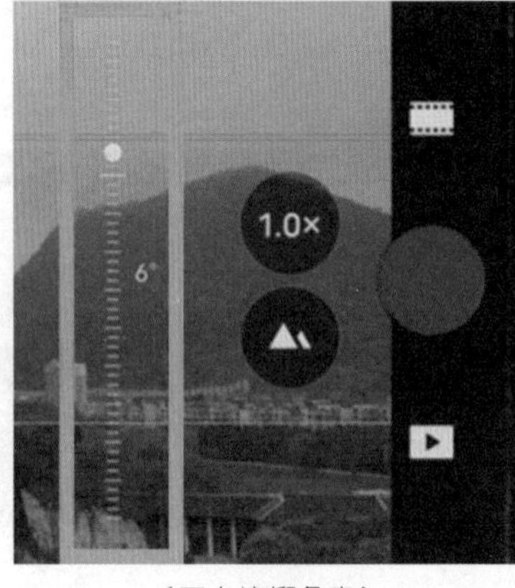

（云台俯仰角度）

❹ “回放”图标

每次拍摄完成的素材，点击“回放”图标，可以进入相册界面，对素材进行预览或短片创作，与之前学过的主界面的“相册”功能是一样的。

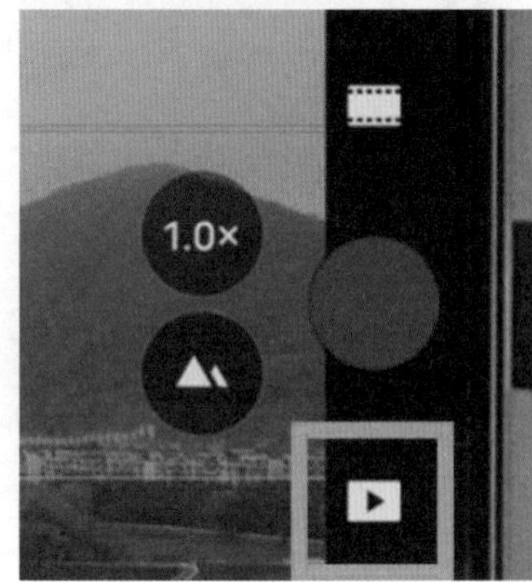

（“回放”图标）

2.3 DJI Fly 飞行系统设置功能详解

（手机微信扫码观看相关视频教程）

DJI Fly 系统中总共有 5 个设置菜单，分别是安全、操控、拍摄、图传和关于，每个菜单都对应着相应类别的参数或功能设置。本节除对频部分以 DJI Mini 2 机型为例进行演示外，其他部分都以 DJI Mavic 3 机型为例进行演示。

2.3.1 如何进入飞行系统设置?

（1）成功连接航拍无人机相关组件，进入飞行界面，点击“系统设置”图标。

（2）进入系统设置界面后，可以点击每个菜单的标题，对应的设置信息将会显示出来。

（系统设置入口）

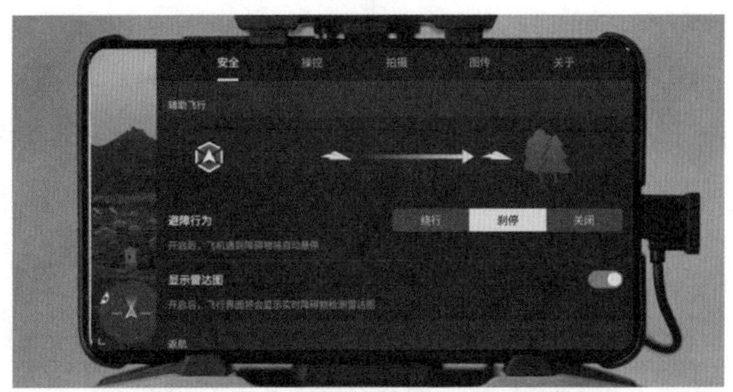

（系统设置菜单）

2.3.2 安全菜单

安全菜单设置界面有辅助飞行设置、返航设置，以及传感器校准、电池信息查询、安全高级设置等。

（1）辅助飞行。建议使用默认的“刹停”设置。

（安全设置菜单）

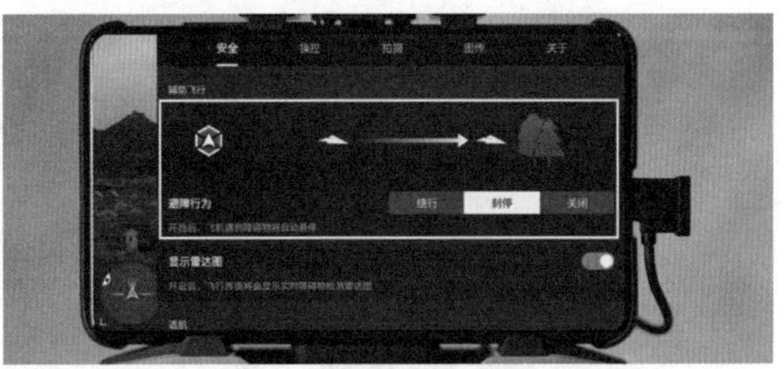

（避障行为设置）

（2）显示雷达图。建议保持默认开启。在飞行时，航拍无人机与水平方向上的障碍物距离小于 6m 时，就会出现环状的提示条，以辅助飞手安全飞行。

（显示雷达图设置）

（显示雷达图开启后）

（3）虚拟护栏。改变相应的数值，限制航拍无人机飞行的最大高度和最远距离。

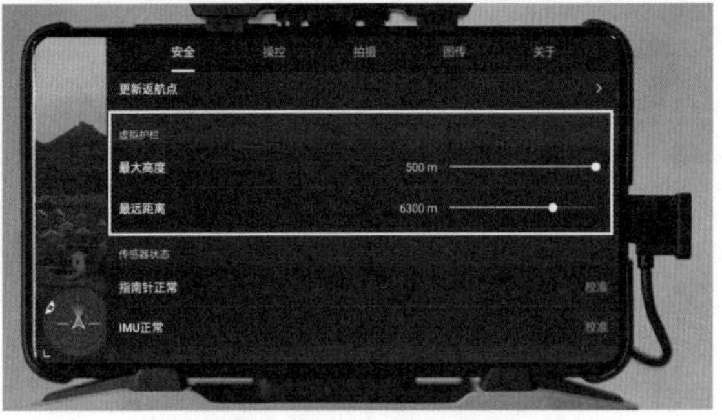

（限制飞行的最大高度和最远距离）

（4）返航高度。在开启智能返航的功能前，用来设置航拍无人机智能返航时的高度。此部分详细的知识会在 3.7 节中进行介绍。

（5）更新返航点。当遥控器位置相对于之前航拍无人机的起飞点位置发生变化时，就需要这个功能来更新返航点，以便航拍无人机在启用智能返航时，能降落到遥控器所处的最新位置。如果不更新，那么它会降落到之前起飞点的位置。

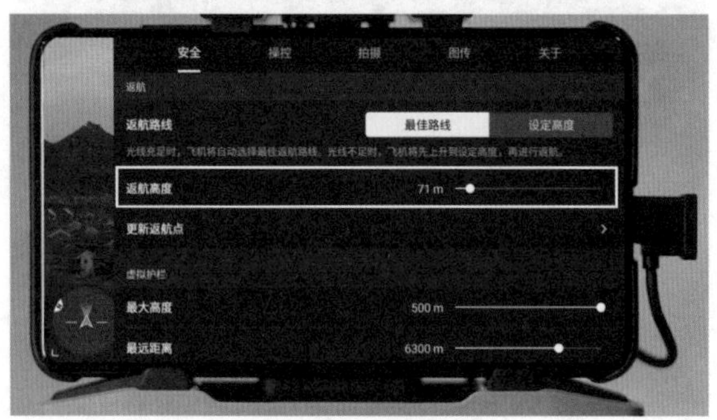

（智能返航高度）

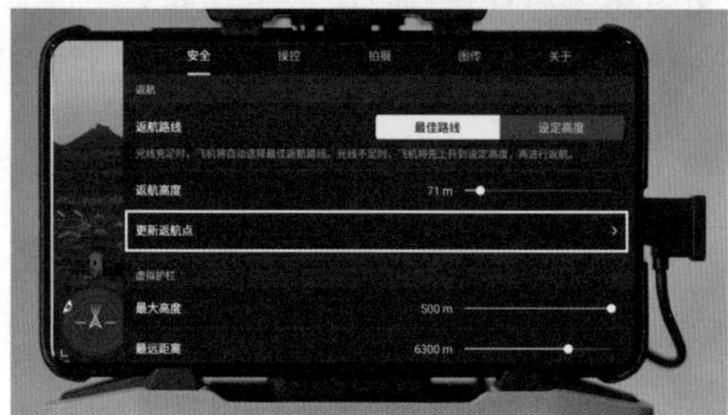

（更新返航点入口）

（6）指南针与 IMU 校准。这里显示指南针和 IMU 的状态，如果显示正常，那么无须校准；如果提示异常，那么就得及时校准。校准时，记得将航拍无人机水平静止放置，点击“校准”按钮后根据提示进行校准即可。

（7）电池信息。点击选项可以查看智能飞行电池的电量信息和使用的循环次数。

（指南针和 IMU 的状态显示及校准入口）

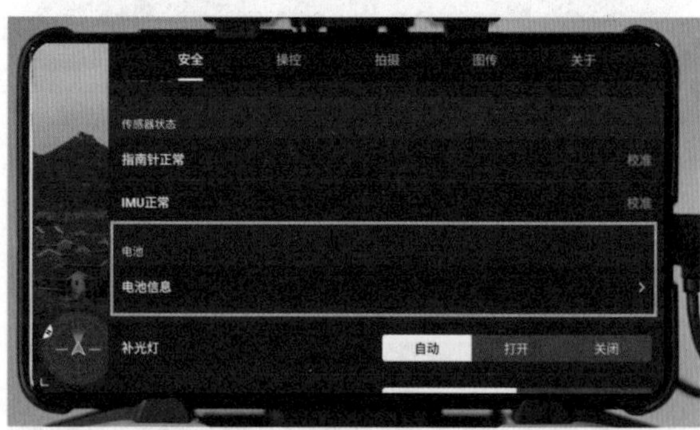

（电池信息入口）

（8）飞行解禁与找飞机。功能与主界面一样，这里不再重复说明。

（9）安全高级设置。点击选项进入之后，会有失联行为设置，建议保持默认的“返航”。

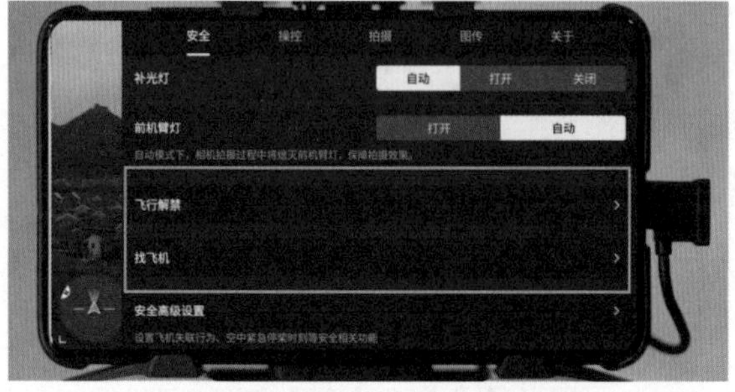

（飞行解禁与找飞机功能入口）

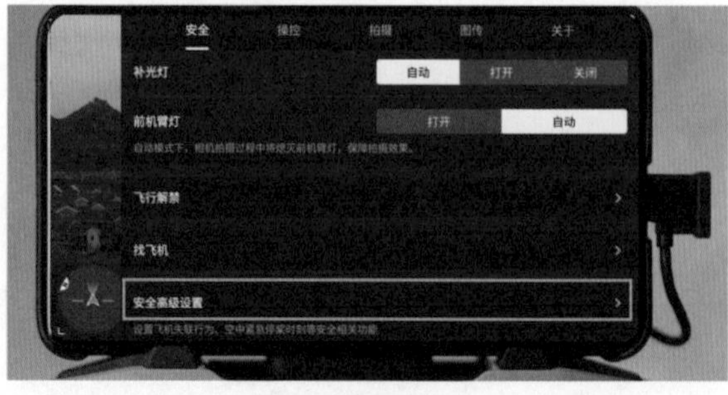

（安全高级设置入口）

（10）空中紧急停桨设置。建议保持默认的“仅故障时”停桨。

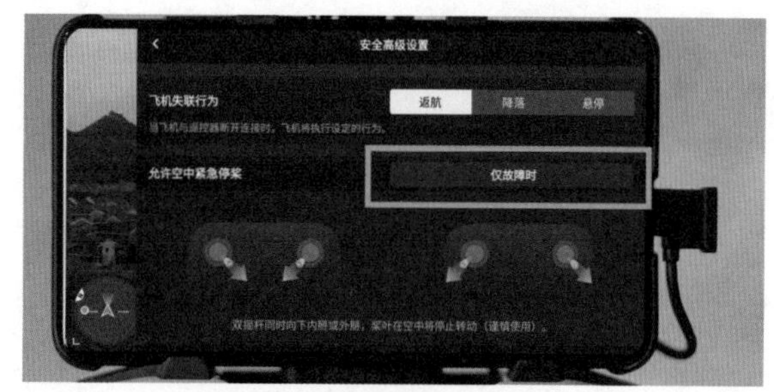

（空中紧急停桨设置）

2.3.3 操控菜单

操控菜单设置界面可以分别对飞机、云台、遥控器进行设置。

（操控设置菜单）

❶ 飞机设置

（1）单位显示。单位的显示样式建议保持默认的公制（m）。

（单位设置）

（2）目标扫描。部分航拍无人机在这里会多出一个“目标扫描”的功能开关，一般默认是关闭状态。开启后，航拍无人机在飞行过程中，镜头会自动识别人、车、船等，用于辅助相机的智能拍摄。如在使用“智能跟随”的拍摄功能时，需要在移动端的屏幕上用手指去框选目标。而开启这个“目标扫描”的功能之后，航拍无人机会自动识别目标，直接选中要拍摄的目标，不需要用手指完成框选，能够提高航拍效率，这个功能可以根据自己的需求进行使用。

（“目标扫描”功能）

关于智能跟随的拍摄方法，会在后面的章节中结合实例进行详细讲解。

❷ 云台设置

（1）跟随模式。这是默认的云台模式，航拍无人机在正常的飞行航拍中，无论姿态发生哪种变化，相机的镜头都会保持水平，所拍到的画面非常稳定。

（跟随模式）

（2）FPV 模式。开启此模式飞行时，云台的横向轴会与航拍无人机的姿态做同样的运动。新手刚开始飞行时，不建议使用 FPV 模式。

（FPV 模式）

（3）云台高级设置。进入此界面后可以根据自己的偏好，对 3 种飞行挡位进行相关参数设置。建议新手保持默认设置即可，操作熟练后，再尝试调整。

如果不小心把参数调乱了，那么下滑至底部，点击“重置”按钮，就能恢复到出厂时的初始状态。

（云台高级设置菜单）

（4）云台校准。航拍无人机在使用过程中，如果发现镜头的角度出现偏差，那么将机身水平放置后，在界面中点击“云台校准”选项，稍等片刻即可完成校准。

（5）云台回中 / 朝下。点击该选项后，航拍无人机的相机云台会快速回中或朝下，与遥控器中的快捷按键是一样的功能。通常都是使用遥控器上的快捷按键来操作，这个功能很少使用，除非对快捷按键进行了其他指令的设置。

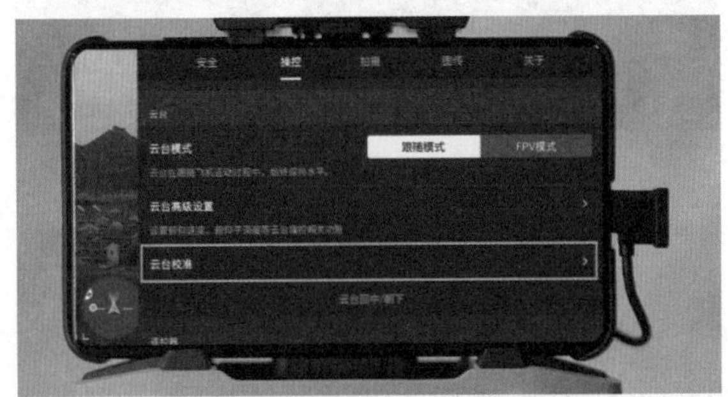

（云台校准）

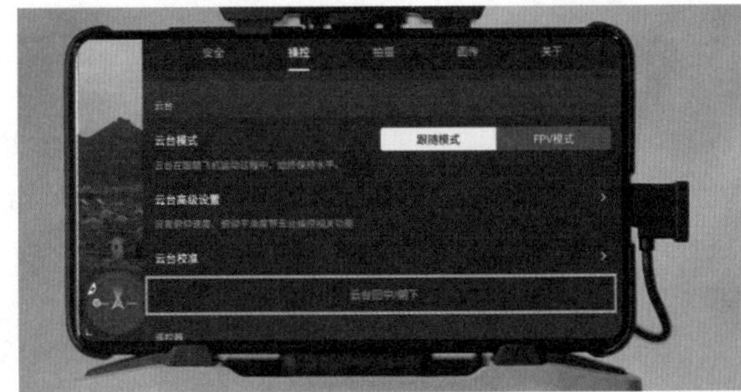

（云台回中 / 朝下）

❸ 遥控器设置

（1）摇杆模式。因为市面上的大多数操作演示和技术都为美国手的操作方式，所以建议新手使用出厂默认的美国手的操作方式。当然，美国手只是操作方式上的一种俗称，并非真正意义上的美国人的手。

（2）遥控器自定义按键。可以根据自己的偏好，在遥控器自定义按键选项中，对单击或双击后所触发的指令进行设置。

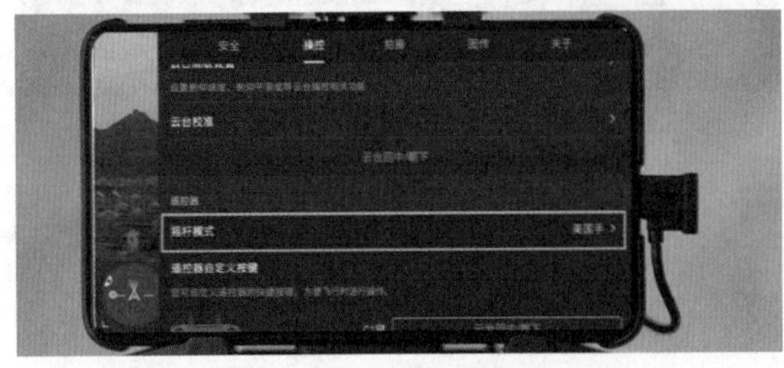

（摇杆模式选择入口）

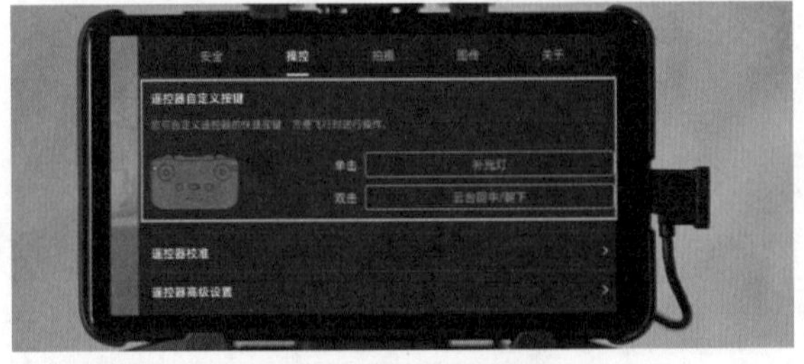

（遥控器自定义按键设置）

（3）遥控器校准。在使用过程中，如果出现遥控器校准提示，那么请及时对遥控器进行校准。

（遥控器校准入口）

提示

遥控器的校准方法如下。

（1）关闭航拍无人机的电源。

（2）点击“遥控器校准”选项。

（3）依次对摇杆与遥控器前端的拨轮进行满杆操作。

（4）操作完成后，校准成功。

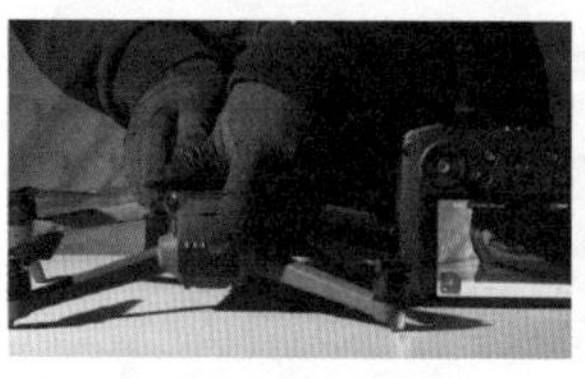

（关闭电源）

（遥控器校准）

（满杆操作）

（校准成功）

（4）遥控器高级设置。点击该选项后，会看到 3 个挡位对应的 EXP 曲线。新手前期飞行不熟练时，不要去调整它，因为遥控器默认的 EXP 曲线值足以满足日常拍摄需求。

（5）室外飞行教学。对新手第一次操作航拍无人机时特别友好，建议感兴趣的朋友去看看。如果不想看了，那么点击“返回”“确定”按钮即可退出。

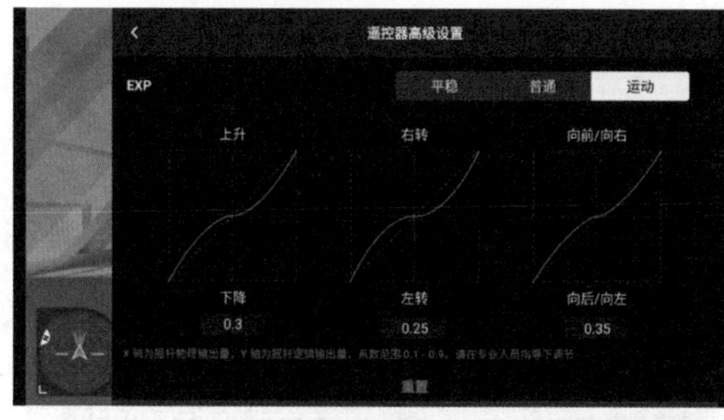

（EXP 曲线）

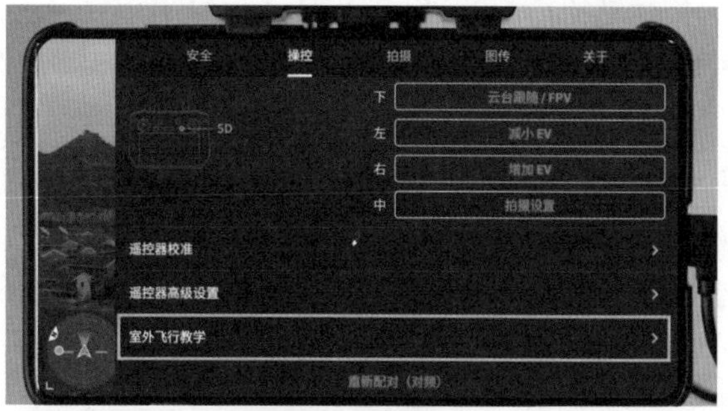

（室外飞行教学入口）

（6）遥控器对频。航拍无人机在出厂之前，各组件就已经对好频。如果后期需要更换对应的新机体或遥控器，那么可以通过此选项完成对频。

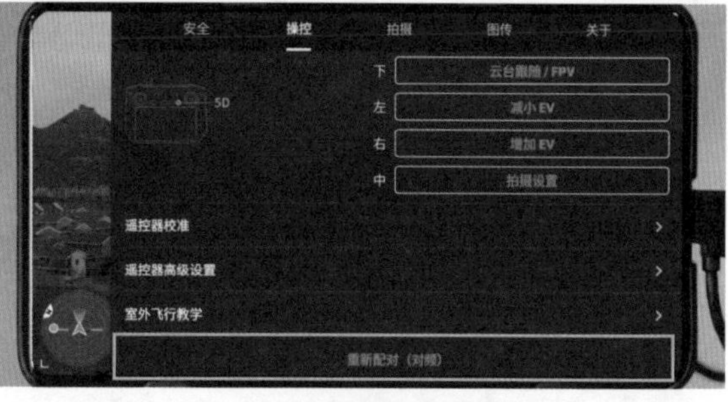

（遥控器对频入口）

下面以 DJI Mini 2 机型为例，演示对频的具体操作步骤。

（1）开启航拍无人机和遥控器的电源。

（2）启动 DJI Fly，点击“重新配对（对频）”按钮。

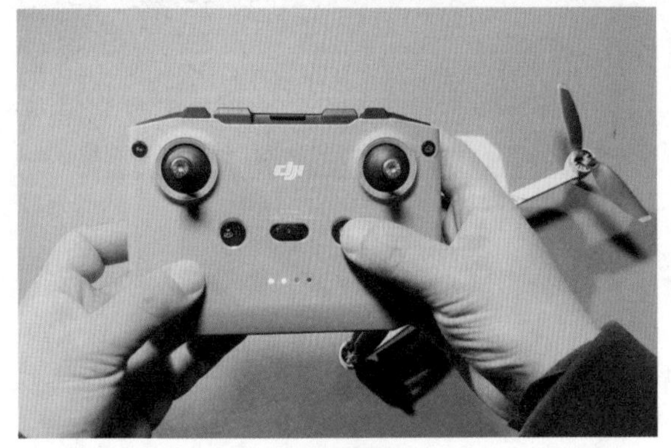

（开启电源）

（重新配对（对频））

（3）长按航拍无人机电源键 3 秒以上，使指示灯呈闪烁状态。

（4）如果指示灯呈闪烁状态，那么说明已进入对频状态。

（5）对频成功后，指示灯会取消闪烁状态。

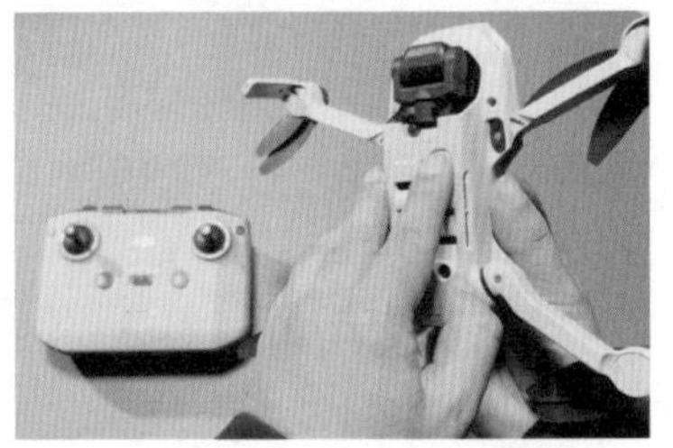

（长按航拍无人机电源键）

（进入对频状态）

（对频成功）

2.3.4 拍摄菜单

❶ 视频格式 / 色彩 / 编码格式

关于视频格式 / 色彩 / 编码格式，与相机参数的设置一样，这里不再重复说明。

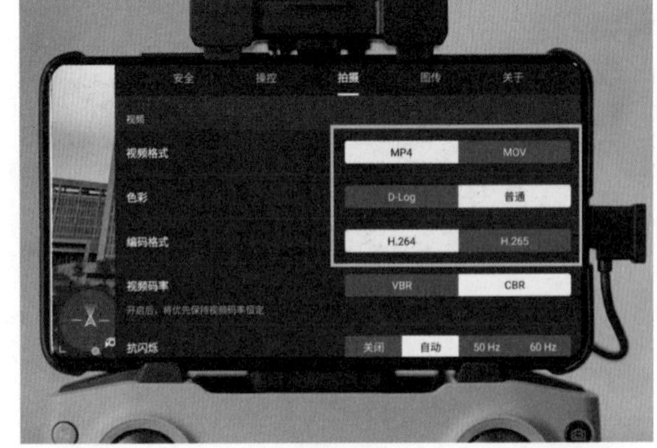

（编码选择）

❷ 视频码率

视频码率有 CBR 和 VBR 两种方式，这个参数只会在普通色彩模式下有效。一般画质推荐使用 CBR，存储推荐使用 VBR。如果机身内存容量较大，那么建议选择 CBR。

（1）CBR。使用固定的高码率进行编码，以保证画质稳定，录像文件较大。

（2）VBR。码率与场景相关，以 CBR 码率为上限。在简单的场景下录制视频，可以降低码率，减小录像文件大小。

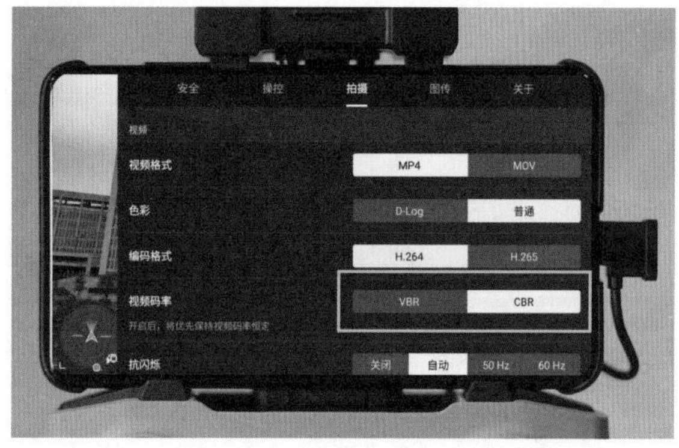

（码率选择）

❸ 抗闪烁

通常都是使用默认的“自动”，但是在航拍时，偶尔会遇见频闪的现象。因为在国内，交流电的工作频率是 50Hz，所以建议选择 50Hz 进行视频的录制。而国外有的地方是 60Hz，如果在录制视频时发生频闪的现象，那么可以调回 60Hz 试试。

❹ 视频字幕

视频字幕功能通常用不上，建议关闭。

（抗闪烁选择）

（视频字幕开关）

那么，视频字幕是怎么回事呢？开启字幕之后，航拍录制完的视频在电脑上用播放器播放时，会在播放界面显示出一堆参数，可以通过这些参数，查看视频拍摄的相机参数、录制视频时的 GPS，以及海拔高度和经纬度等信息。

（视频字幕显示）

⑤ 直方图

直方图的作用是监看拍摄画面的曝光是否正常。这个知识笔者单独做了一个视频教程，供大家观看学习。

开启后显示直方图

扫二维码观看学习

（直方图学习）

⑥ 峰值等级

拍摄时用来辅助拍摄对焦，如果感觉肉眼观察对焦不是太准确，那么可以在这里设置适合自己的强度，通过观看拍摄主体边缘红色的强度，来判断自己是否对焦成功。

（峰值等级设置）

⑦ 过曝提示

开启后，如果拍摄时画面过曝了，那么飞行界面会以斜线的方式进行提示。

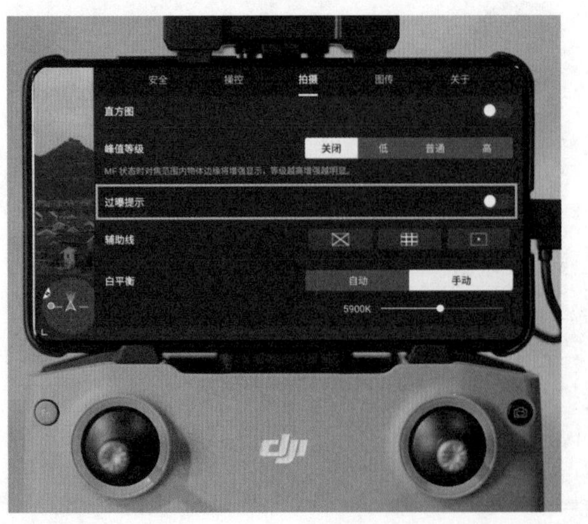

（过曝提示设置）

❽ 辅助线

辅助线中有对角线、九宫格、中心点 3 个选项。航拍时，可以根据需要开启辅助线来协助我们构图拍摄。

（辅助线设置）

❾ 白平衡

白平衡是调节画面冷暖的工具，笔者单独做了一个视频教程，供大家观看学习。

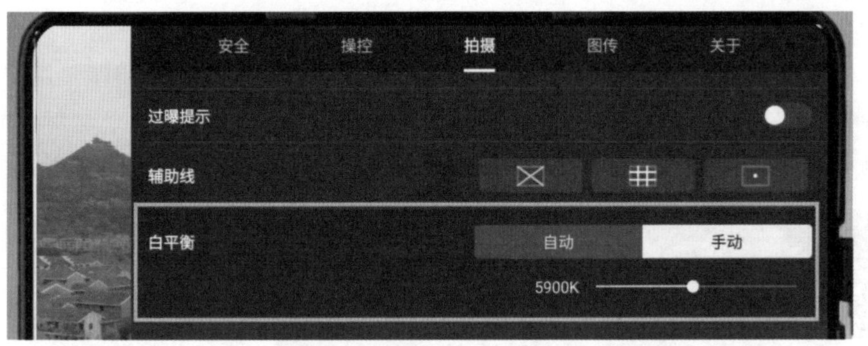

（白平衡学习）

❿ 存储设置

（1）存储卡位置设置。与相机参数的设置方法是一样的，具体参考 2.2.5 小节。

（2）录制视频时进行缓存。在航拍素材时，是否需要缓存一份质量低的文件在遥控器端呢？如果只是用手机剪辑软件来剪辑视频进行娱乐或需要预览拍摄的文件，那么可以开启；如果觉得用不上，会占用手机内存，那么可以关闭。

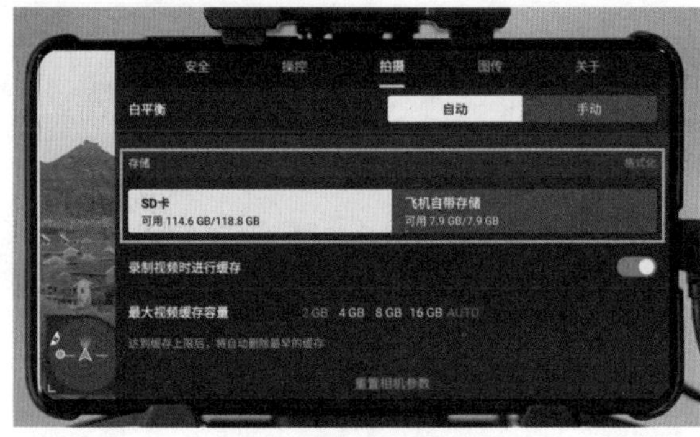

（机身存储设置）

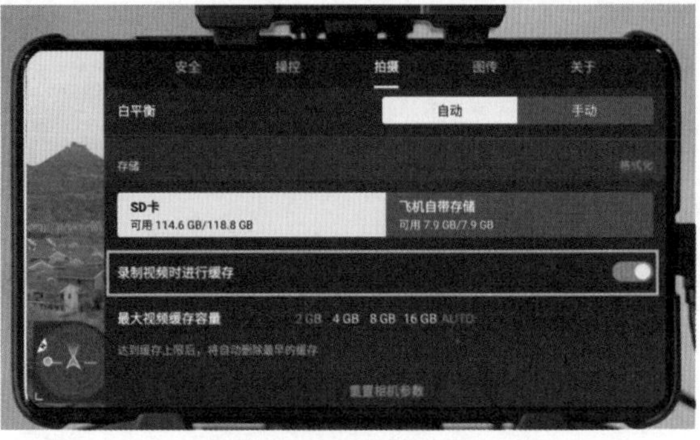

（录制视频时的缓存开关）

（3）最大视频缓存容量。可以根据自己设备的存储空间选择合适的容量，存储空间大的话，通常都是选择“AUTO”。

（4）重置相机参数。如果拍摄的参数被打乱了，那么可以在这里点击“重置相机参数”按钮，所有相机参数将会恢复为出厂时的默认值。

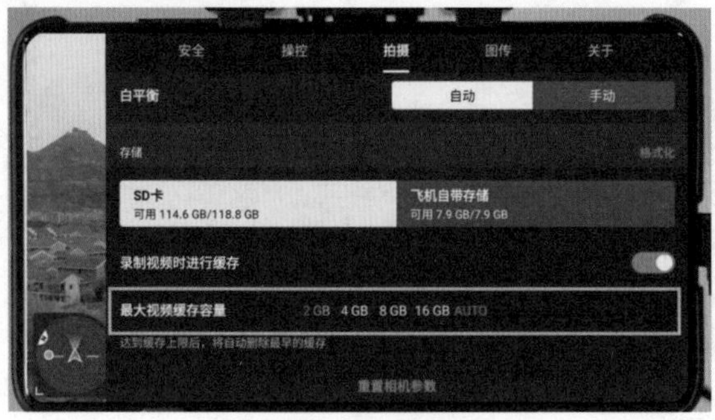

（最大视频缓存设置）

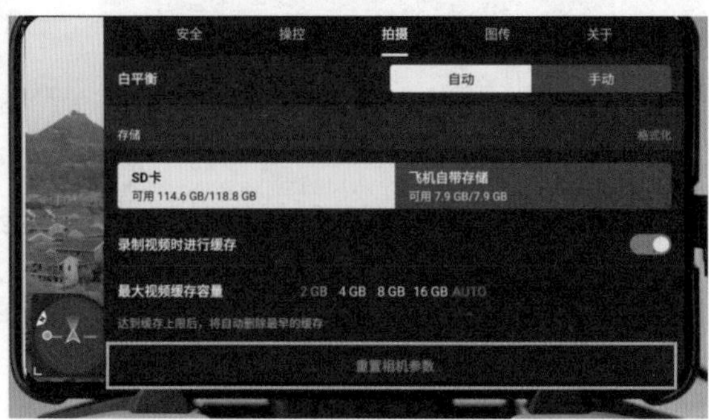

（重置相机参数）

2.3.5 图传菜单

（1）HDMI 输出。可以根据需要选择“屏幕镜像”或“仅图传画面”。关于图传清晰度，通常使用的都是高清模式，如果现场信号干扰大或飞行速度过快，那么建议选择流畅模式。

（2）图传频段和信道模式。建议保持默认的双频和自动模式。

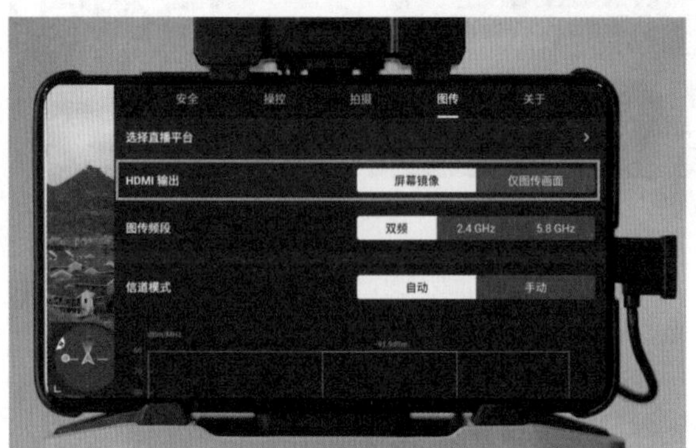

（图传设置）

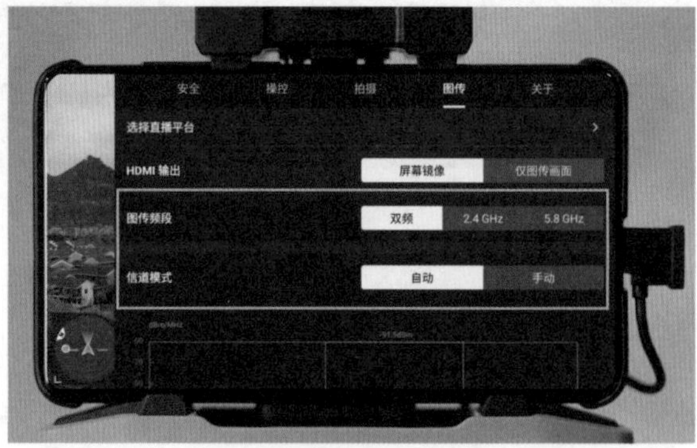

（图传频段和信道模式设置）

2.3.6 关于菜单

关于菜单的设置，平时是很少用到的。进入界面后，可以给设备取一个自己喜欢的名字，如 DJI Mavic 3 寻点。下方还会有飞机的设备型号、飞机固件的版本号、飞机安全数据库、App 安全数据库、App 版本号及硬件序列号等信息。

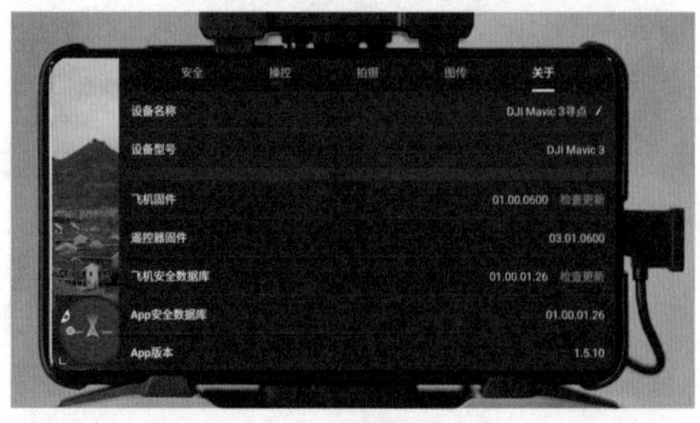

（关于菜单）

3 飞行训练篇：无人机 8 项核心飞行训练

在掌握航拍无人机的基础知识之后，接下来开始进入实飞训练了。本章大部分内容以 DJI Mavic 3 机型为例进行演示，带大家进行航拍无人机的实飞操作练习，帮助新手掌握航拍飞行操作规范和飞行技巧。

3.1 养成良好的起飞习惯

（手机微信扫码观看相关视频教程）

在实飞之前，新手要养成良好的飞行习惯，以保障飞行安全，避免事故风险。就像汽车驾驶员在开车前，是需要做一些准备工作的，如检查车况、系好安全带等。作为航拍无人机的飞手，就像汽车驾驶员一样，也要做起飞前的准备。本节以 DJI Mavic 3 机型为例进行演示。

3.1.1 起飞前的准备

（1）起飞之前需要确定航拍无人机各组件有充足的电量，建议电量在三格以上。

（2）提前查询飞行场地的相关规定，选择合法且空旷的飞行场地。

（电量在三格以上）

（选择合适的飞行场地）

（3）远离信号干扰源，不要在通信基站、化工厂、高压电线等强磁场环境周围飞行。

（4）如果使用连接手机的遥控器，那么为了避免飞行过程中突然出现电话干扰，建议提前将手机设置为飞行模式。

（远离强磁场环境）

（将飞行要用到的手机调成飞行模式）

（5）航拍无人机的停机面尽量平整，避免航拍无人机起飞时倾斜炸机。在草坪或尘土较大的地方飞行时，建议铺设停机坪。

（6）检查航拍无人机的桨叶安装是否牢固。

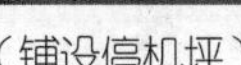

（铺设停机坪）

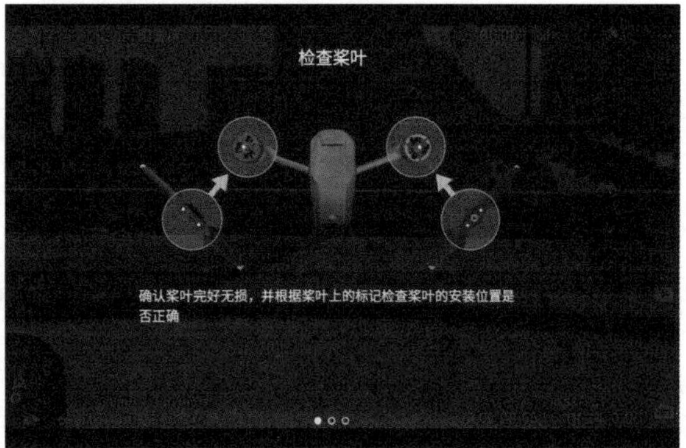

（新手模式下会提示检查桨叶）

（7）在飞行前，建议先开启遥控器，再开启航拍无人机。

（8）如果要进行超视距飞行，那么建议提前将返航点的高度设置为途径最高的障碍物之上，保障航拍无人机失联时能顺利智能返航。

（飞行前设备开启顺序）

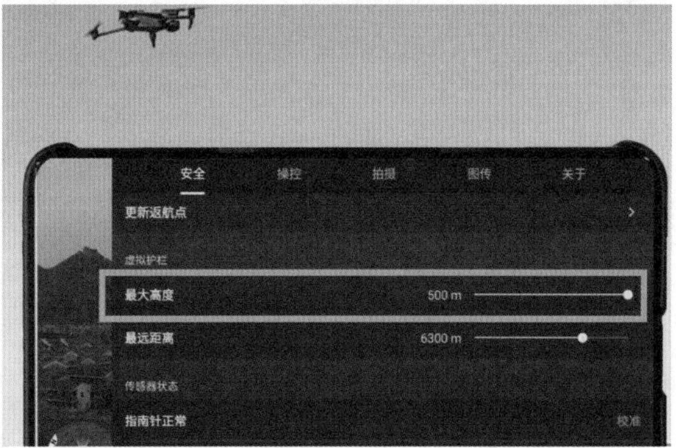

（设置返航高度）

（9）等到提示“返航点已刷新，请留意返航点位置”时再起飞，以保障航拍无人机在开启 / 触发智能返航的功能时，能顺利降落在起飞点。

（10）在起飞前或降落前，让航拍无人机的机尾始终朝向自己。新手在起飞前和降落时，不要距离航拍无人机太近，建议保持 5m 以上的安全距离。

（返航点刷新提示）

（保持 5m 以上的安全距离）

3.1.2 飞行时的操作

（1）航拍无人机起飞后，建议在上升 5m 左右后悬停 5 秒以上。操作后航拍无人机会记录地面的纹理信息，这样能够使航拍无人机在开启 / 触发智能返航的功能时，返航降落较为精确。

（2）在飞行时，要实时调整遥控器天线的指向，与航拍无人机的方位保持一致。

（将航拍无机原地悬停 5 秒以上）

（遥控器天线与航拍无人机所处的方位一致）

（3）一定要保持充足的电量以便返航，不要贪图飞行迟迟不返航。

（4）新手前期尽量让航拍无人机在自己的视线范围内飞行，不要一开始就挑战超过自己视线范围的飞行。

（飞行时要留意电量信息）

（在视线范围内练习）

（5）新手刚开始练习时，不要大幅度去打杆，因为左右摇杆偏移的幅度越大，航拍无人机的速度也会越快。建议将遥控器的飞行挡位设为普通挡（N），然后做小幅度轻微的打杆练习。在这样的练习过程中，下意识地去感受打杆幅度与飞行速度之间的操控感，有助于锻炼手感。

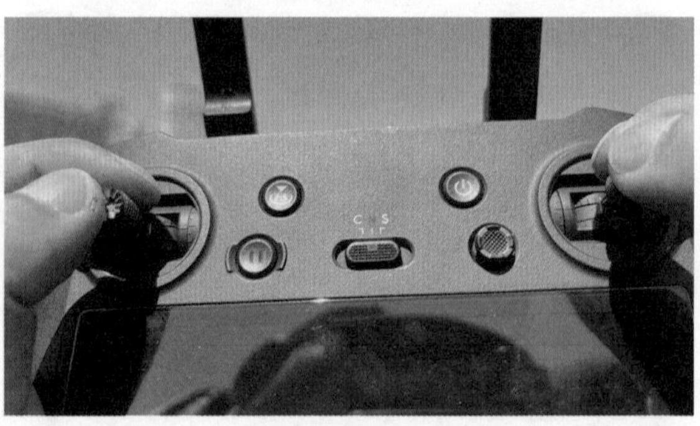

（普通挡下轻微打杆）

3.1.3 飞行结束后的操作

（1）降落时，先调整机尾朝向自己，再降落。
（2）降落时，一定要确认下方环境安全 。
（3）降落时，一定要确认航拍无人机已经停桨，再去进行其他操作。
（4）航拍无人机停桨后，先关闭航拍无人机，再关闭遥控器。

（调整机尾朝向自己）

如果航拍无人机上有水汽或灰尘，那么请记得使用相应的工具及时对机身和相机镜头进行清理。

3.2 航拍无人机手动起降训练

（手机微信扫码观看相关视频教程）

起飞和降落的飞行动作是飞行打杆时的第一步动作，只有操作熟练之后才可以将航拍无人机安全起飞和降落。本节以 DJI Mavic 3 机型为例进行演示。

3.2.1 解锁 / 停止电机

很多飞手会有这样的疑问：“大疆航拍无人机不是有智能起飞和降落的模式吗，何必还要用手动？”虽然这两个功能确实很好用，但是也不要太过依赖，智能模式在有些场合中并不适用。

一般飞行熟练后，飞手会去复杂的地面环境中航拍飞行，不可能总是保证有相对较宽的停机面，航拍无人机在进行自动降落时，如果下方条件达不到降落条件，那么自动降落根本无法实现。此时，就需要用手接住航拍无人机，只有熟练掌握航拍无人机的手动降落和停桨的操作方式，才能使航拍无人机安全返航。

下面是解锁电机和停止电机的操作方法。

（1）解锁电机。将遥控器的摇杆朝“内八”方向拨到底，（大约2秒）桨叶开始转动。松开摇杆，航拍无人机将解锁电机，进入待机起飞的状态。

（“内八”方向打杆）

（2）停止电机。重复同样的“内八”操作，（大约2秒）桨叶停止转动。松开摇杆，航拍无人机的电机桨叶会处于锁定的状态。

也可以将下降摇杆向下拨到底，（大约2秒）桨叶停止转动。松开摇杆，航拍无人机的电机桨叶也会处于锁定的状态。

（“内八”方向打杆）

（向下打杆）

3.2.2 手动起降练习

❶ 起飞动作

（1）解锁电机。按照上一小节的操作，将遥控器的摇杆朝“内八”方向拨动，直至桨叶转动，然后松开摇杆。

（2）推油门杆上升。向上推油门杆，使航拍无人机上升，将其上升至2m左右的高度，回中摇杆，悬停航拍无人机。

（解锁电机）

（向上推油门杆）

❷ 降落动作

（1）下降至合适的高度。向下打油门杆，使航拍无人机下降。当航拍无人机缓慢下降至 1m 左右的高度时，回中摇杆，悬停航拍无人机。

（向下打油门杆）

（2）调整机尾朝向。左右打自旋摇杆，调整机尾朝向自己。

（3）调整位置。通过前后左右的操作，打俯仰杆，将航拍无人机调整到预想的降落点。

（左右打自旋摇杆）

（调整俯仰杆）

（4）下降操作。当航拍无人机已调整到预想的降落点时，向下打油门杆，使航拍无人机下降。

（5）停桨操作。当航拍无人机下降到即将接触到停机面时，向下将油门杆打到底且不松开，直至航拍无人机降落在停机面上，电机的桨叶停止转动，此时松开摇杆即可完成降落的操作。

（向下打油门杆）

（向下打油门杆到底）

很多新手在前期练习时，总是担心这样一个问题：“如果不小心拨动到‘内八’或将下降摇杆下拉到底，会不会导致炸机？”其实在航拍无人机飞行的过程中，“内八”或向下拨到底都不会停桨，航拍无人机只有在快接触到停机面时才会自主降落停桨，除非在飞行系统安全设置中开启了“允许空中紧急停桨”功能，才会发生这样的情况。这里不建议新手开启空中紧急停桨，因为很容易出现意外状况！

3.3 航拍无人机智能起降训练

（手机微信扫码观看相关视频教程）

为什么航拍无人机都有智能飞行模式？主要有两个方面的原因。

第一，照顾新手。智能飞行模式能让新手快速上手操作，不需要过多复杂的操作就能拍出有意思的画面。遗憾的是每种模式都有对应的缺陷，关于这一点，后面的章节会结合实例给大家说明。

第二，提高飞手的航拍效率。针对熟练的飞手，后期可以将智能模式与手动模式有效地结合，不仅能提高飞行效率，而且能拍出更多丰富的画面。

3.3.1 智能起飞

（1）在飞行界面左边的飞行区，有一个向上的箭头图标，在起飞之前，它充当的是一键智能起飞的功能，点击该图标会弹出起飞窗口。

（2）长按起飞窗口中的起飞图标约 2 秒，航拍无人机将会一键智能起飞并上升至 1.2m 的高度，保持悬停。

（一键智能起飞窗口）

（长按起飞图标）

3.3.2 智能降落

航拍无人机在飞行过程中，如果地面条件允许，那么可以使用一键智能降落的功能。

当航拍无人机正在飞行时，之前向上的箭头图标会变成向下的箭头图标，点击该图标会弹出一个与之前一样的窗口，只是圆形图中的图标会变成降落的标识，此时长按降落图标约 2 秒，航拍无人机就会一键智能降落。在接触到停机面 2 秒之后，航拍无人机会自动停桨，完成降落。

（长按降落图标）

智能起降是非常省事的功能，不用总是去控制杆量来进行起飞和降落，很多新手一开始都非常喜欢这个功能。但是使用这个功能时，一定要注意一个问题，就是航拍无人机的起飞面和停机面一定要相对平整，如果在倾斜的地面上使用智能起降功能，那么很容易发生侧翻的现象。

3.4 基本飞行动作训练

（手机微信扫码观看相关视频教程）

熟悉航拍无人机起降的操作后，接下来开始学习航拍无人机的基本打杆飞行动作，总共有 4 组。

在实际航拍飞行的过程中，不可能一直看着航拍无人机飞行或一直盯着飞行界面去飞行。因为在飞行的过程中，这两种方式是会交替的。所以，将这 4 组基本动作分为两个部分来进行训练，分别是眼看航拍无人机的打杆练习和眼看飞行界面的打杆练习。

本节以 DJI Mavic 3 机型为例进行演示。

3.4.1 眼看航拍无人机的打杆练习

在进行眼看航拍无人机的打杆练习之前，需要将航拍无人机安全上升到合适的高度。

（将航拍无人机安全上升到合适的高度）

下面针对 4 组基本动作进行详细介绍。

❶ 第 1 组动作：上升—悬停—下降—悬停

（1）向上推油门杆，将航拍无人机上升至 1m 左右的高度，回中悬停。

（向上推油门杆）

（2）向下打油门杆，将航拍无人机下降至 1m 左右的高度，回中悬停。

（向下打油门杆）

❷ 第 2 组动作：顺时针和逆时针 90°—悬停旋转

（1）向右打偏航杆，使航拍无人机顺时针旋转 90°，回中悬停。将此动作持续 4 次，让机头回到起始的角度。

（2）向左打偏航杆，使航拍无人机逆时针旋转 90°，回中悬停。将此动作持续 4 次，让机头回到起始的角度。

（向右打偏航杆）

（向左打偏航杆）

❸ 第 3 组动作：前进—悬停—后退—悬停

（1）向上打俯仰杆，将航拍无人机前进 2m 左右，回中悬停。

（2）向下打俯仰杆，将航拍无人机后退 2m 左右，回中悬停。

（向上打俯仰杆）

（向下打俯仰杆）

❹ 第 4 组动作：左横移—悬停—右横移—悬停

（1）向左打横滚杆，将航拍无人机向左横移 2m 左右，回中悬停。

（2）向右打横滚杆，将航拍无人机向右横移 2m 左右，回中悬停。

（向左打横滚杆）

（向右打横滚杆）

在操控航拍无人机的过程中，飞手可以通过偏移程度来感受航拍无人机的速度。

3.4.2 眼看飞行界面的打杆练习

练习前找一个静止且距离较远的参照物，然后将航拍无人机上升到合适的高度，调整相机的镜头对准参照物。保险起见，场地空旷的情况下可以根据飞行的环境适当将航拍无人机飞高、飞远一些，回中摇杆悬停航拍无人机，此时将视线从航拍无人机转移到 DJI Fly 飞行界面，开始用眼睛查看飞行界面的打杆练习。

（将视线转移到飞行界面）

（确保航拍无人机安全飞行到合适的高度与距离）

❶ 第 1 组动作：上升—悬停—下降—悬停

（1）向上推油门杆，将航拍无人机上升至 1m 左右的高度，回中悬停。

（向上推油门杆）

（2）向下打油门杆，将航拍无人机下降至 1m 左右的高度，回中悬停。

在航拍无人机上升 / 下降飞行的过程中，飞手可以在 DJI Fly 的左下角找到 H 数值，实时观察航拍无人机在垂直方向上上升 / 下降的高度与速度。

（向下打油门杆）

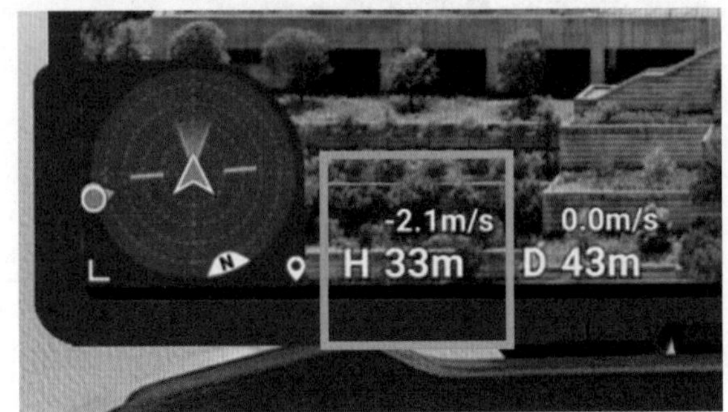

（观察垂直方向上上升 / 下降的高度与速度）

❷ 第 2 组动作：顺时针和逆时针 90°一悬停旋转

（1）向右打偏航杆，使航拍无人机顺时针旋转 90°，回中悬停。将此动作持续 4 次，让机头回到起始的角度。

（2）向左打偏航杆，使航拍无人机逆时针旋转 90°，回中悬停。将此动作持续 4 次，让机头回到起始的角度。

（向右打偏航杆）

（向左打偏航杆）

在航拍无人机旋转飞行的过程中，飞手可以在 DJI Fly 姿态球的位置，实时观察航拍无人机的机头朝向。

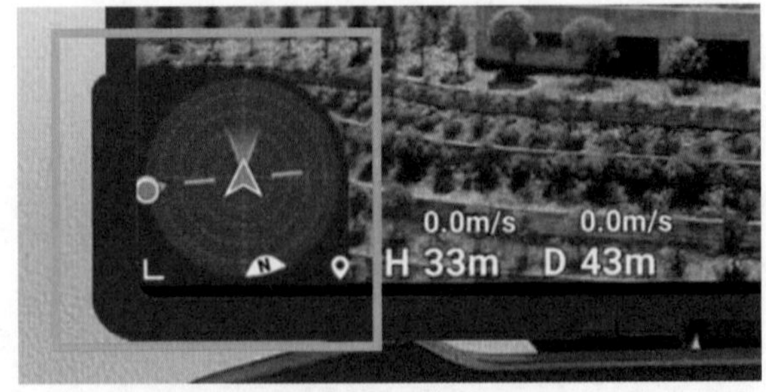

（观察航拍无人机的机头朝向）

❸ 第 3 组动作：前进—悬停—后退—悬停

（1）向上打俯仰杆，将航拍无人机前进 2m 左右，回中悬停。
（2）向下打俯仰杆，将航拍无人机后退 2m 左右，回中悬停。

（向上打俯仰杆）

（向下打俯仰杆）

在航拍无人机前后飞行的过程中，飞手可以在 DJI Fly 的左下角找到 D 数值，实时观察航拍无人机在水平方向上移动的距离与速度。

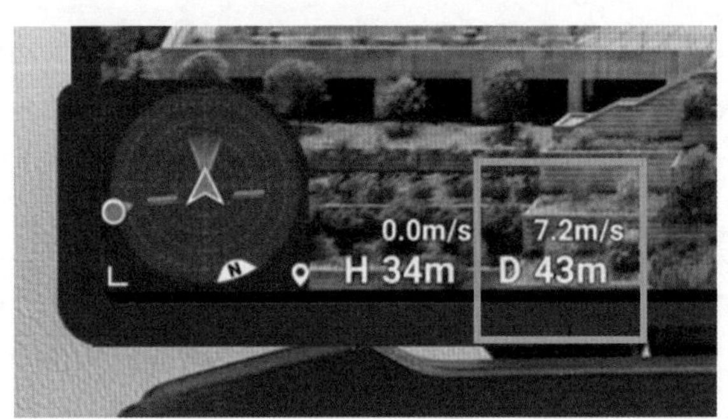

（观察水平方向上移动的距离与速度）

❹ 第 4 组动作：左横移—悬停—右横移—悬停

（1）向左打横滚杆，将航拍无人机向左横移 2m 左右，回中悬停。
（2）向右打横滚杆，将航拍无人机向右横移 2m 左右，回中悬停。

（向左打横滚杆）

（向右打横滚杆）

以上就是最基本的打杆飞行动作，大家在练习每个动作的时候，起飞或降落时记得始终让机尾朝向自己。这些基本的打杆飞行动作大家务必熟练掌握，为后续较复杂的飞行动作及打杆运镜打下坚实的基础，加油！

3.5 环绕飞行（“刷锅”）训练

（手机微信扫码观看相关视频教程）

“刷锅”是环绕飞行的俗称，也是航拍中经常用到的飞行动作，指航拍无人机的镜头对着拍摄主体进行绕圈飞行。本节以 DJI Mavic 3 机型为例进行演示。

3.5.1 环绕飞行的原理

（1）顺时针环绕。水平向内，偏移左右两个摇杆，航拍无人机将会顺时针围绕主体飞行。

（2）逆时针环绕。水平向外，偏移左右两个摇杆，航拍无人机将会逆时针围绕主体飞行。

（水平向内打杆）

（水平向外打杆）

3.5.2 环绕飞行的训练建议

（1）需要找一个相对规则的主体，不规则的主体不太适合新手练习，同时确保主体周围没有障碍物影响环绕。

（2）航拍无人机与主体的距离应该是由远到近。建议刚开始距离远一些，这样航拍无人机的活动空间相对较大，便于找到环绕打杆的力度，后面熟练了再慢慢贴近主体环绕飞行。

（3）环绕的速度是由慢到快，刚开始打杆的力度小一点，飞得慢一些，这样便于环绕飞行过程中能及时调整左右摇杆力度，熟练之后可以适当加快速度。

（4）刚开始练习环绕，尽量以俯视的角度来练习。先操控航拍无人机上升飞行，使飞行高度高过拍摄的主体，通过调节云台俯仰角度，让镜头对着主体，这样就不会因距离障碍过近而增加危险。建议后期操作熟练后，再与拍摄主体呈平视或仰视的视角来练习环绕。

3.5.3 环绕飞行的实战训练

❶ 基础训练

（1）调整角度。将航拍无人机飞行到离主体距离较远、高度较高的位置，调整航拍无人机姿态与镜头的角度，让它俯视拍摄主体。

（2）顺时针环绕。需要向内打左右横向的摇杆，这里先打横滚杆，再打偏航杆。

（将航拍无人机飞行到离主体较远的位置）

（水平向内打杆）

（3）逆时针环绕。需要向外打左右横向的摇杆，训练方法同上一步。

在练习环绕时，如果主体偏离中心，那么需要适当增加或减少左右摇杆的偏移度。找到合适的力度之后，让它环绕主体两圈以上。

（水平向外打杆）

❷ 进阶训练

（1）调整角度。将航拍无人机飞行到离主体距离较近、高度较低的位置，调整航拍无人机姿态与镜头的角度，让它平视或仰视拍摄主体。

（2）顺时针环绕。需要向内打左右横向的摇杆，这里先打横滚杆，再打偏航杆，让航拍无人机与镜对环绕着主体飞行。

（将航拍无人机飞行到离主体较近的位置）

（水平向内打杆）

（3）逆时针环绕。需要向外打左右横向的摇杆，训练方法同上一步。

（水平向外打杆）

很多新手在学习环绕飞行时，容易出现角度绕偏或环绕不顺畅的问题，这是刚开始环绕时打杆速度过快导致的。再次提醒大家，“刷锅”打杆时力度不要太大，在较慢的速度中，水平向内或向外去打横滚杆与偏航杆，操作中找到环绕飞行的感觉。

总之，记住一个法则：“从好刷的主体和俯视角度开始，由远到近，由慢到快”。训练过程中不要着急，多练习几次，相信大家都会掌握环绕飞行（“刷锅”）的动作。

3.6 手动返航训练

（手机微信扫码观看相关视频教程）

每次航拍飞行拍摄结束之后，一般都会进入返航的流程。常用的返航有 3 种模式，分别是可视范围内手动返航、超视距手动返航、超视距智能返航，每种模式分别对应不同的情况来使用。本节以 DJI Mavic 3 机型为例进行演示。

3.6.1 可视范围内手动返航

航拍无人机在飞行过程中，如果眼睛能看清飞行姿态，那么说明航拍无人机在飞手的可视范围内飞行。这种情况建议使用可视范围内手动返航，不建议使用智能返航。因为使用智能返航时，如果大于 50m 的距离，那么会先调整航拍无人机的飞行高度再执行返航，这样航拍无人机在返航过程中会很费电，而且相对需要更多时间。

下面是可视范围内手动返航的操作步骤。

（1）按照前面的练习进行操作，将航拍无人机飞行到合适的距离和高度。具体的距离和高度，大家可以根据飞行的现场环境来定，不是固定的。

（将航拍无人机飞行到合适的位置）

（2）此时，航拍无人机就在飞手的视线范围内，能清楚看到航拍无人机的飞行姿态，说明已经具备可视范围内手动返航的条件。

（3）在 DJI Fly 飞行界面中，观察航拍无人机的机头是否朝向自己。如果不是，那么可以通过操作偏航杆，自旋航拍无人机，调整机头朝向自己。

（航拍无人机在视线范围内）

（观察航拍无人机的机头朝向）

（4）向上打俯仰杆，将航拍无人机往朝向自己的方向飞行。

（5）当航拍无人机在距自己 5m 左右时悬停，将航拍无人机缓慢下降。

（朝向自己飞行）

（缓慢下降）

（6）降至 5m 左右时，自旋航拍无人机，调整机尾朝向自己，将相机云台回中。

（7）将航拍无人机降落，在下降过程中，通过右摇，按照前后左右的顺序微调，尽量使航拍无人机降落在自己预想的返航点的中心。

（调整机尾朝向自己）

（调整方位至预想的降落点）

（8）在航拍无人机接触到停机面时，可以选择智能降落或手动降落，使航拍无人机着陆停桨，即可完成可视范围内手动返航操作。

（完成降落）

3.6.2 超视距手动返航

航拍无人机在飞行过程中，如果飞手不能通过眼睛来看清航拍无人机的飞行姿态，那么说明航拍无人机已经超过自己的视线范围。这时可以通过 App 中的地图导航功能 + 飞行界面的组合方式，执行智能返航或手动返航。返航过程中，如果遇到障碍物，可以及时调整航拍无人机的姿态，让其对障碍物进行绕行或上升越过。

下面是超视距手动返航的操作步骤。

（1）根据飞行环境，将航拍无人机飞行到合适的距离和高度悬停。

（2）在 DJI Fly 飞行界面中，将地图打开，找到红色的返航线，观察航拍无人机的机头朝向，看机头是否对准返航线的发起端。

（飞行到合适的位置）

（观察机头与返航线的朝向）

（3）横向打偏航杆，将航拍无人机进行旋转操作，调整机头对准返航线的发起端。

（4）调整好后，向上打俯仰杆。这里因为距离较远，所以可以满杆推进，让航拍无人机沿返航线全速飞行。

（调整机头对准返航线的发起端）

（全速向返航点飞行）

（5）返航过程中，需要实时观察地图，看航拍无人机的机头与返航线的角度是否有偏移，如果有偏移，那么就及时打偏航杆微调修正；如果有障碍物，那么适当将航拍无人机升高或绕开障碍物。

（6）航拍无人机距离返航点大概还有 50m 时，俯仰杆向上打杆的力度缓缓地降下来，进行慢速前进，减少飞行时产生的惯性。

（调整机头与返航线的角度）

（减少惯性飞行）

（7）调整航拍无人机的镜头向下俯视，以便看清航拍无人机下方与返航点之间的位置。

（8）当航拍无人机距离返航点 5m 左右时，将航拍无人机悬停。此时，由于航拍无人机的高度过高不便看清其姿态，可以先将其下降至能看清姿态的高度。

（调整云台相机镜头朝下）

（操作航拍无人机下降）

在下降的过程中，如果环境风速不大，那么可以降得快一些；如果环境风速过大，那么就得慢速打杆下降。

（9）下降至 10m 左右的高度，缓缓减小下降的打杆力度，实现慢速下降，以便减少下降时航拍无人机所产生的惯性。

（10）当航拍无人机下降至 3m 左右时，悬停航拍无人机，将相机云台回中，这时航拍无人机就在飞手的视距范围内了。

（10m 左右高度时，慢速操作航拍无人机下降）

（3m 左右高度时，回中相机云台）

（11）悬停后找到偏航杆调整偏航角度，旋转航拍无人机，将机尾朝向自己。

（12）慢慢地将航拍无人机降落在自己预想的返航点的中心，完成超视距手动返航操作。

（调整偏航角度）

（将航拍无人机降落在返航点的中心）

总结

以上就是手动模式下的返航操作方法，新手刚开始练习时，不建议飞得太远。还有第三种模式，即智能返航，会安排在下节中进行学习。此时，飞手一般会有这样的疑问：“不是已经有智能返航了吗？为什么我们还要去手动返航，这么麻烦。”

这里举两个例子给大家说明一下。

前面有讲过不建议使用智能返航，因为智能返航需要先调整飞行高度再执行返航，这样的话航拍无人机不仅费电，而且需要更多时间返航。

在相对复杂的环境中不适合智能返航，比如去林间或山谷拍一些有穿越感的镜头；在厂房内或其他室内环境中（如在室内体育场馆中航拍运动员和一镜到底的镜头）使用智能返航很容易失败。

因此，建议大家务必熟练掌握可视范围内和超视距这两种手动返航模式。

（手机微信扫码观看相关视频教程）

3.7 智能返航训练

通过前面两种手动返航模式的学习，大家应该知道返航是怎么一回事了。接下来将带大家掌握对新手非常友好的智能返航。本节以 DJI Mavic 3 机型为例进行演示。

3.7.1 智能返航的原理

航拍无人机在开启 / 触发智能返航的功能后，先自主上升至预先设置好的返航高度。达到返航高度后，开始直线返航；到达返航点后，开始自主下降至返航点，并停桨完成返航。

（智能返航的原理图）

3.7.2 智能返航的前提

如果选择使用智能返航，那么需要注意以下 3 点。

（1）在起飞之前，找到合适的起飞场地，保证 GPS 卫星信号良好，且返航点已刷新。

（2）根据周围情况，提前将返航高度设置好。

（3）在系统设置中，确保失联行为触发的是返航功能。

提前找到合适的起飞场地和等待返航点刷新，是为了使航拍无人机返航时能有效降落在返航点的位置；提前设置返航高度，是为了使航拍无人机返航途中不会遇见障碍物导致返航失败；提前确保失联行为，是为了使航拍无人机在发生失联的情况下能触发自主返航。

资源下载码：56178

如果没有做到以上 3 点就开启 / 触发智能返航，那么可能会导致返航失败。

3.7.3 智能返航操作演示

（1）将航拍无人机飞行到距离飞手 600m 左右，高度在 50m 左右的位置悬停。

（2）回到 DJI Fly 飞行界面，在系统设置“安全”界面中设定返航高度。关于这个数值，飞手需根据当前所在的飞行环境来提前设置，这里设置为 82m。

（飞行到合适的位置）

（设定合适的返航高度）

（3）点击 DJI Fly 飞行界面最左侧的“一键智能返航”图标，长按弹出的返航图标或遥控器上的返航键，航拍无人机将开始自主返航。

（4）当航拍无人机与返航点之间的距离大于 50m 时，航拍无人机将会上升到设定的高度，然后调整机头朝向返航点，按之前设定的高度开始返航。

（点击“一键智能返航”图标）

（调整机头开始返航）

（5）当航拍无人机与返航点之间的距离在 5~50m 时，航拍无人机的速度将会慢慢地降下来。

（飞行速度正在变慢）

（6）当航拍无人机快到达返航点时，可以将航拍无人机的镜头垂直朝下，以便看清航拍无人机下方与返航点之间的位置和降落情况。

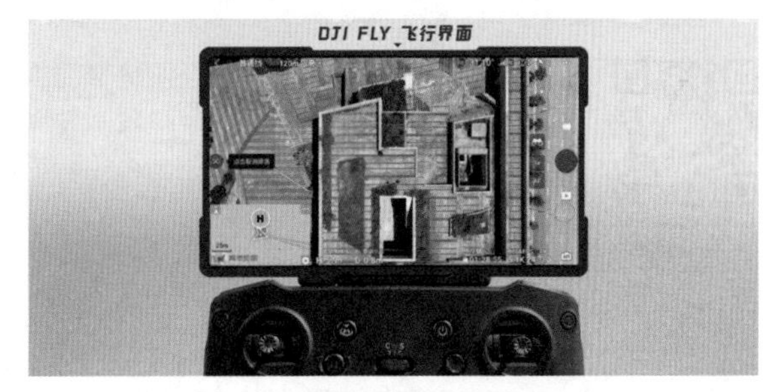

（将镜头垂直朝下）

（7）当航拍无人机与返航点之间的距离小于 5m 时，航拍无人机将会自动回中云台，自主降落至返航点直至停桨，完成智能返航。

（停桨完成智能返航）

3.7.4 智能返航的扩展知识

航拍无人机开启 / 触发智能返航时，在自主下降的过程中，一键功能图标会切换成“点击取消降落”图标。如果下方有人突然窜入，那么可以点击该图标，航拍无人机将取消下降并进入悬停状态，然后再根据情况进行安全降落。

在返航过程中，操作偏航杆没有作用。向下打俯仰杆，航拍无人机会终止返航并悬停，其他打杆操作都是正常的，只是需要的打杆幅度要比平常大一些。在低电量、低强制下降时，将上升的油门杆打到顶部也只能维持航拍无人机的悬停高度。

无论是手动还是自动下降，在下降的过程中，当航拍无人机快接触到停机面时，可以进行前后左右微调，使航拍无人机降落在预想的返航点。

通常情况下，智能返航是自动选取当前位置与返航点之间的直线路径来返航。在开启 / 触发智能返航时，建议提前将返航的高度设置在返航线途径的最高物体之上。

智能返航不只可以手动触发，当航拍无人机与遥控器断开连接，以及低电量报警时，也会触发智能返航。

有的航拍无人机在智能返航时，会有一点位置上的偏差，那是因为 DJI 的航拍无人机有“精准智能返航”和“普通视觉智能返航”两种智能返航方式。Mini 3 Pro 就是普通视觉智能返航，所以返航时不会特别精准。而 Mavic 3 系列、Air 2 系列等都是有精准智能返航功能的，大家可以在购买产品之前多了解一下。

3.8 心理素质训练

（手机微信扫码观看相关视频教程）

一般新手刚开始航拍时都喜欢拍大场景，将航拍无人机飞得高高的，因为这样又好飞、又安全，并且这样的镜头看着非常大气。随着时间的推移，越到后面飞手就会发现这类镜头同质化很严重，画面会略显呆板，长期航拍这类镜头，很容易陷入审美疲劳。厌倦拍摄了之后，飞手一般会向低空、低角度贴近主体来进行拍摄，还会向复杂的飞行环境发出挑战。

接下来从模拟器练习、穿越障碍物练习、低空飞行练习、贴近主体飞行练习 4 个方面来讲解航拍无人机飞行时的心理素质练习。本节以 DJI Inspire 2 机型为例进行演示。

3.8.1 航拍无人机模拟器练习

❶ 苹果系统以外的设备操作

（1）打开系统浏览器，搜索“飞行时刻”。

（2）点击第 1 个链接，在弹出的“飞行时刻”主页中点击“立即体验”按钮。

（搜索“飞行时刻”）

（点击“立即体验”按钮）

（3）移动端点击问号“？”键查看操作说明；电脑端按住“Tab”键查看操作说明。之后飞手跟随上面的按键进行有关练习。

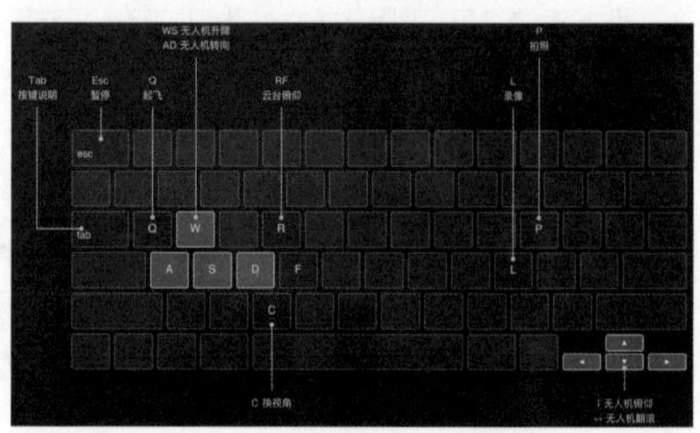

（查看操作说明）

❷ 苹果系统的设备操作

（1）在应用中输入“SimuDrone”并下载安装，此模拟器支持 DJI 的航拍无人机，大部分型号都有。

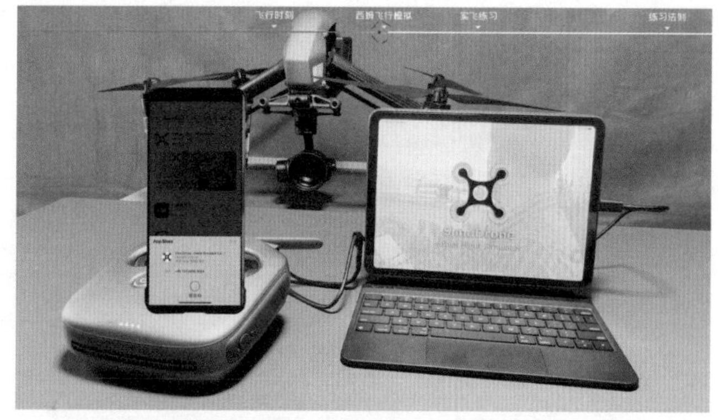

（搜索“SimuDrone”）

（2）安装完之后，选择对应的机型，即可进行练习。

（选择对应的机型）

（3）模拟器中有 3 个免费的地图，足够飞手的日常练习。

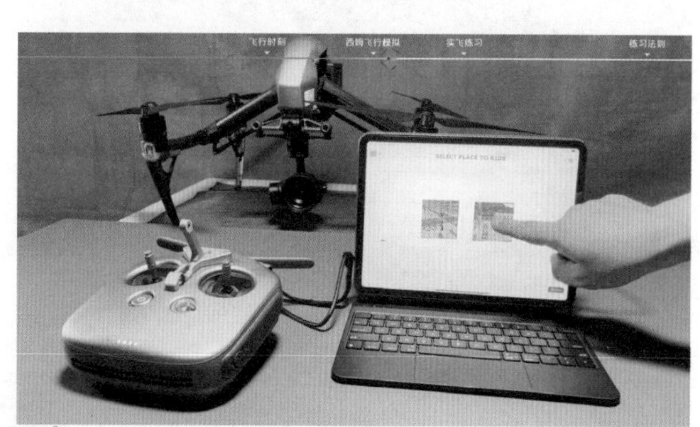

（选择地图）

（4）连接遥控器，即可开始飞行练习。

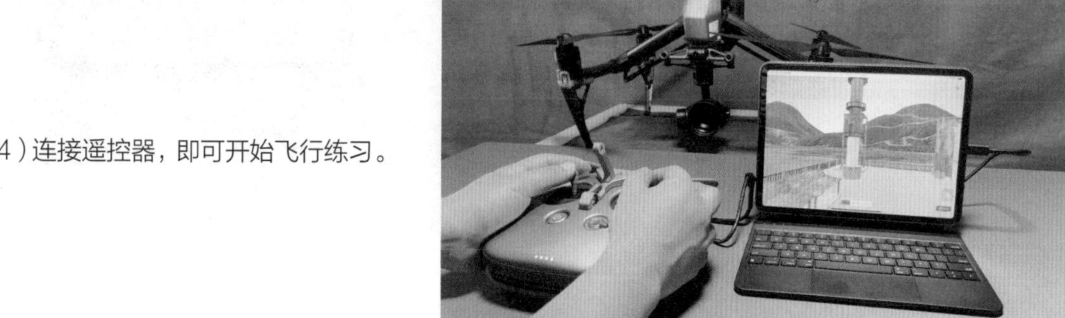

（开始飞行练习）

3.8.2 穿越障碍物练习

穿越障碍物一般可以正飞或倒飞，飞行时不要乱动方向。建议先尝试穿越空间较大的障碍物，熟练之后再去挑战穿越空间较小的障碍物。

（正飞与倒飞穿越障碍物练习）

练习时，注意航拍无人机桨叶的运行范围，避免因视觉差造成炸机的风险。

3.8.3 低空 / 贴近主体飞行练习

低空或贴近主体飞行练习时，刚开始可以让航拍无人机与障碍物之间离得高或远一些，熟练了之后再去挑战较低的高度或贴近主体飞行。建议速度刚开始慢一些，熟练了之后可以适当加速飞行。

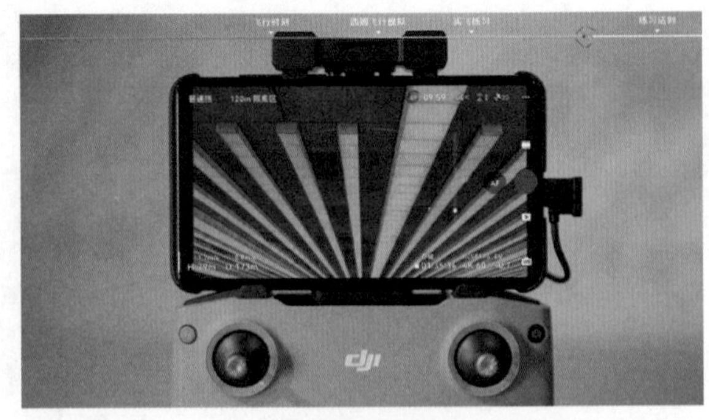
（贴近主体飞行）

以上就是心理素质的一些训练方法，飞手们可以循序渐进地练习，但是在每次练习之前最好踩点，提前熟悉飞行环境，避开电线之类的障碍物。

4 拍摄制作篇：无人机拍摄与后期制作

学会了基础的飞行，接下来就要拍摄和制作了。本章将带大家学习航拍无人机的航拍技巧，了解后期制作的一些方法。

4.1 临飞前的准备

（手机微信扫码观看相关视频教程）

很多飞手都会有这样的困惑，为什么自己航拍的镜头不丰富，过于单一；不知道如何飞；起飞航拍时忘记将 SD 卡插入航拍无人机中……其实这些问题只要提前做好准备，都是可以避免的。本节以 DJI Mavic 3 机型为例进行演示。

4.1.1 勘景

勘景就是提前在飞行地点踩点。很多航拍，特别是夜间航拍，不勘景是很危险的。勘景时，首先要排除安全隐患，将飞行环境的信号塔、电线等会影响飞行航拍安全的隐患排除。

（勘景）

4.1.2 拍摄思路

勘景完之后，我们会很清楚地知道飞行环境的特点。如果飞行环境灯光璀璨、路段繁华，那么就拍夜景；如果有山有水或小景特别有意思，那么就拍写意的风景；如果场景比较开阔壮观，那么就拍大气的远景；如果需要人物出镜，那么就提前与角色沟通好。

总之，就是根据环境的特点来找到合适的拍摄思路。笔者有一个习惯，就是要去拍某个场景之前，会根据场景的大致情况，寻找同类或相似的场景作品，看看别人是怎么拍的，然后就以类似的方式进行拍摄。久而久之，就会有自己的经验，到场景那里就会胸有成竹，知道这个场景怎么去拍摄。

（找参考）

4.1.3 拍摄设备准备

（1）建议开启“允许云台仰视”功能，在控制拨轮上仰时，可以得到仰视的镜头角度，使航拍镜头变得多样化。

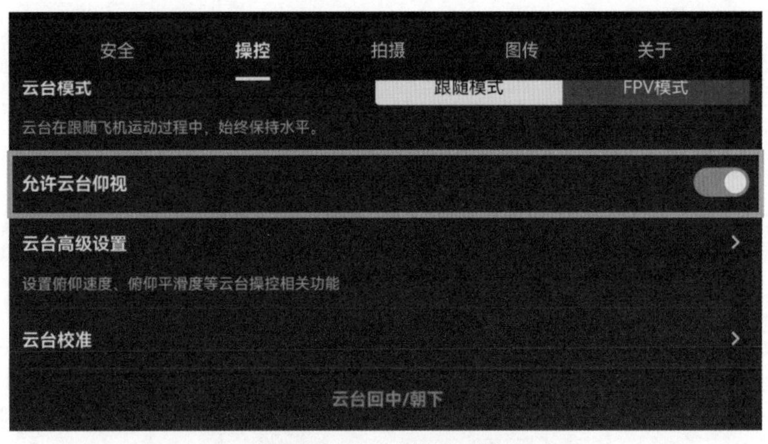

（开启“允许云台仰视”功能）

（2）如果操作熟练后想去拍一些较为贴近的镜头，那么建议在保证安全的情况下将航拍无人机的避障功能关闭。不然在默认开启的情况下，如果与系统设置的距离贴得太近（通常为 5m），那么航拍无人机就会刹停，导致贴近拍摄失败。

（避障提示）

（3）建议及时关注 SD 卡的空间。很多飞手没有备份的习惯，航拍的视频或图片素材一直存放在 SD 卡中，等到空间被占满了再去拍新的镜头时，会陷入“删素材”“无法记录”的尴尬局面。

（4）建议提前将航拍的格式参数设置好。因为航拍无人机在空中飞行时是很费电的，提前在地面设置好格式，避免在空中浪费电量。

（定期备份 SD 卡中的素材内容）

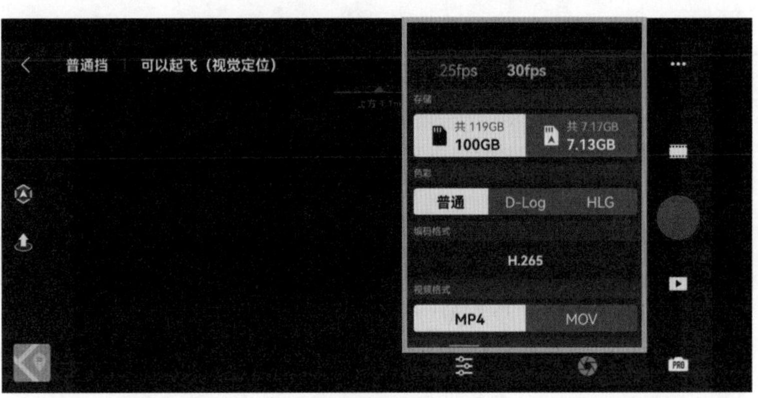

（设置航拍格式参数）

4.1.4 航拍出行清单

这里给大家准备了一张航拍出行清单，大家在航拍出行的时候可以参考一下。

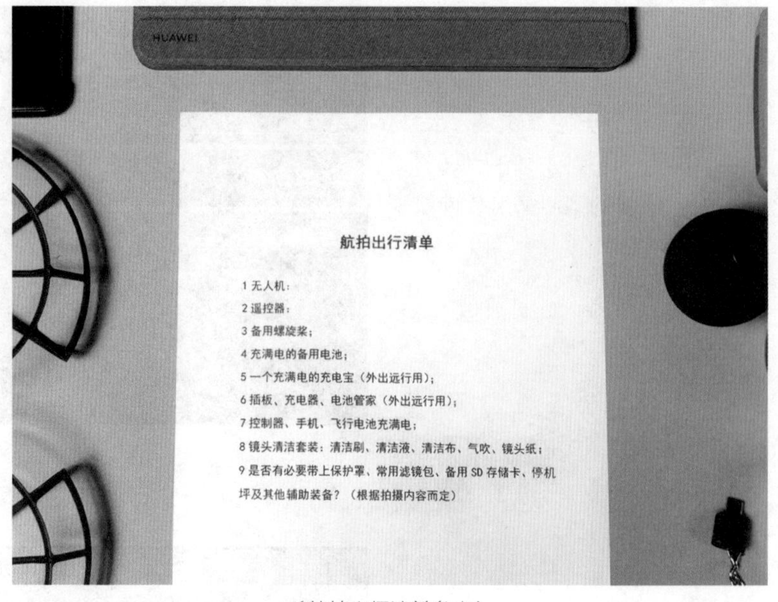

航拍出行清单

1 无人机；
2 遥控器；
3 备用螺旋桨；
4 充满电的备用电池；
5 一个充满电的充电宝（外出远行用）；
6 插板、充电器、电池管家（外出远行用）；
7 控制器、手机、飞行电池充满电；
8 镜头清洁套装：清洁刷、清洁液、清洁布、气吹、镜头纸；
9 是否有必要带上保护罩、常用滤镜包、备用 SD 存储卡、停机坪及其他辅助装备？（根据拍摄内容而定）

（航拍出行清单参考）

（手机微信扫码观看相关视频教程）

4.2 航拍常用文件格式与基本概念解析

航拍结束将素材导出时，一般会看到各式各样的素材。有时就算格式是一样的，打开播放时也会有一些突发情况，如显示的图像色彩要么很灰，要么有一堆数字乱码。本节就带大家了解航拍常用文件格式及相关问题的处理方法。

4.2.1 图片格式

（1）RAW。简单来说，就是未经过处理直接成像的原始数据格式，也称为数码底片。需要专业的工具才能够查看，后期的可调空间非常大，但容量也会非常大。

（2）JPEG。这是经过处理后有损的数据格式，通常容量很小。但是兼容性好，是最常见的图片格式。

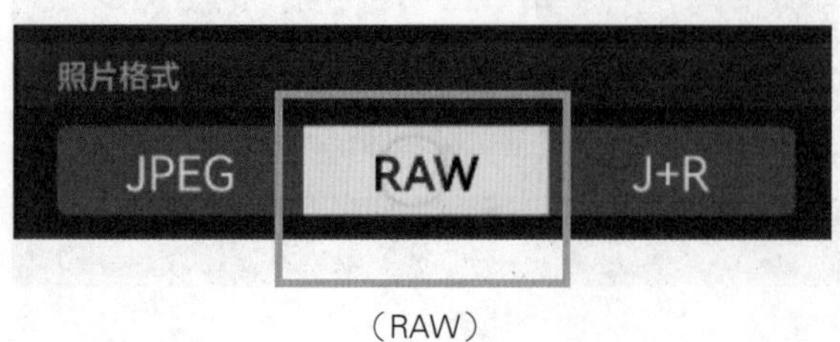

（RAW）

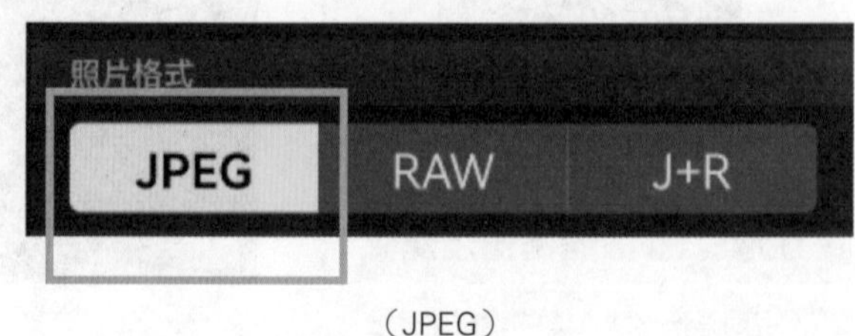

（JPEG）

（3）RAW与JPEG对比。这里以 Photoshop（简称 PS）软件操作为例，将两种格式的图片导入 PS 图片处理软件进行对比。

RAW 格式的图片被记录后，文件后缀名显示为 DNG。将其导入 PS，会弹出一个专门为 RAW 格式的图片调整参数的窗口（Camera Raw），在这里不仅可以看到当时航拍的相机参数，而且可以在更丰富的参数中、更大的动态范围内去深度调整图片，使图片在创作中更有个性。

（Camera Raw 调整窗口）

JPEG 格式的图片在导入 PS 时，就不会弹出这类窗口，只能对图片进行一些常规的调色，调整空间比较有限。

JPEG 相较于 RAW 而言，在后期的调整空间方面有很大差距。有一定后期制作能力的飞手，建议选择 RAW 格式进行拍照。

（没有专用的调整窗口）

4.2.2 视频格式

（1）MP4。如果是苹果系统以外的设备，那么建议选择 MP4 格式进行航拍，兼容性会好一些。

（2）MOV。如果是苹果系统的设备，那么建议选择 MOV 格式进行航拍，兼容性会好一些。

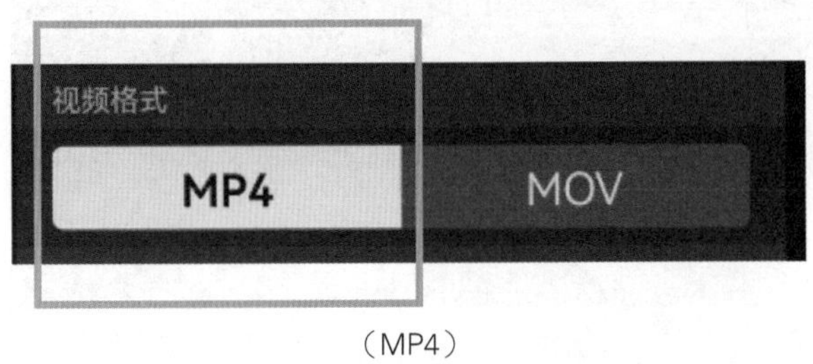

（MP4）

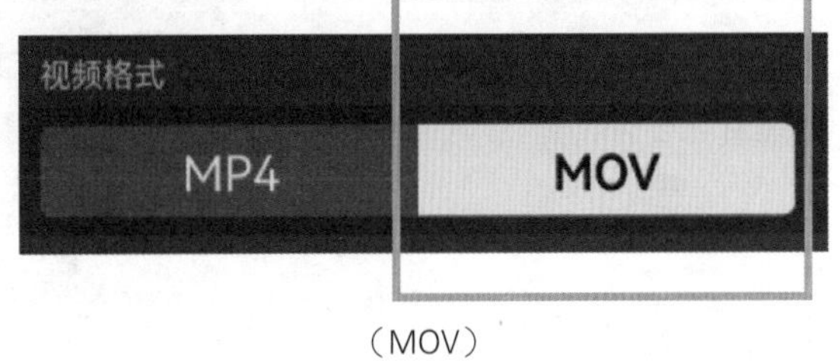

（MOV）

（3）ProRes。ProRes是MOV格式的加强版，生成的文件同样也是MOV格式，但是会记录更多的色彩信息，文件容量非常大。性能好的相机会有Prores 422 HQ和Prores 4444 XQ等压缩比，可以根据自己的需要来进行选择。

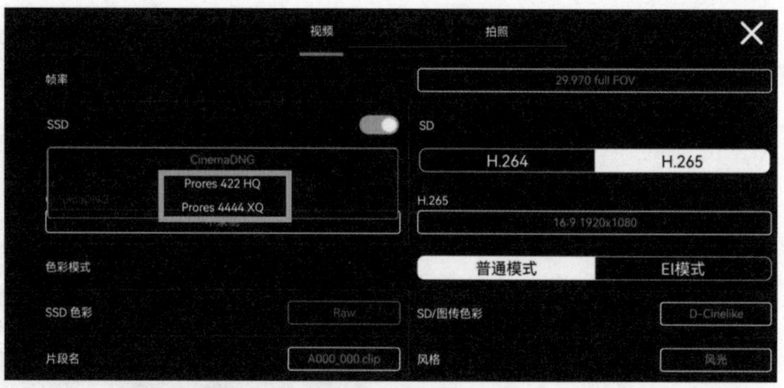

（ProRes选择）

（4）RAW与DNG。RAW与DNG其实都是无损格式的一种，虽然格式显示与照片格式类似，但是通常都会以序列图片来显示，这是未经过处理直接成像的原始数据格式，也称为数码底片，视频信息量更大。文件格式有RAW或DNG，专业的航拍设备上都会有这样的格式。

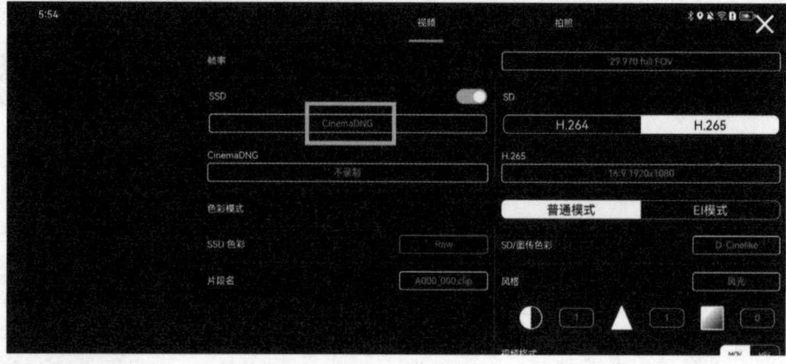

（CinemaDNG格式）

如果飞手懂一定的视频后期制作，航拍相机具有专业的录制性能，同时具备性能较强的创作设备，那么建议选择ProRes或DNG格式进行视频的录制。

4.2.3 色彩模式

常见的航拍色彩有普通色彩、D-Cinelike、HDR、HLG、D-Log，不同的机型会有不同的色彩模式。下面针对这些色彩模式进行详细介绍。

❶ 普通色彩

普通色彩模式拍出来就是肉眼看到的色彩。没有专业调色软件知识的飞手，建议使用普通色彩模式。

（普通色彩）

❷ D-Cinelike

D-Cinelike 色彩模式拍出来的画面暗部会有一定的细节，也会有一定的色彩饱和度。

（D-Cinelike 色彩）

❸ HDR 与 HLG

这两种色彩模式其实是一个原理，只是 HLG 比 HDR 记录的信息更多，兼容性更强。HDR 格式需要支持 HDR 的显示器才能看出效果，而 HLG 格式则不挑显示器，并且此格式已经合成了 HDR 效果的普通格式。

HDR 需要支持HDR的显示器才能看出效果

HLG 无论是支持或不支持HDR的显示器都能看出效果

（HLG 与 HDR 对比）

HDR 也叫作高动态范围成像，在拍摄时相机同时录制了三段视频，一段亮部有细节（曝光不足）；一段暗部有细节（曝光过度）；一段普通视频（曝光正常），然后将这三段视频组成一段亮部与暗部都有细节的图片或视频。

（HDR 色彩合成原理）

④ D-Log

D-Log 色彩模式虽然拍出来的视频会非常灰暗，几乎看不到色彩，但是后期的创作空间是这几个色彩模式中最大的。

（D-Log 色彩）

拍摄时，记得打开“色彩显示辅助”功能，便于我们对焦和监看。

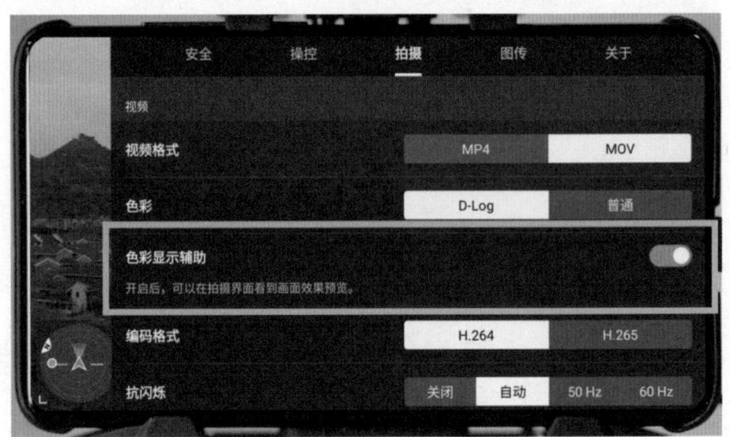

（打开“色彩显示辅助”功能）

如果有一定的软件调色能力，那么建议使用 D-Cinelike、HDR、HLG 和 D-Log 色彩模式。因为这几个色彩模式会有更高的色彩动态范围，后期处理空间更大。

从宽容度上来说（指色彩的细节信息），普通 < D-Cinelike < HDR < HLG < D-Log。

一般根据自己航拍无人机的性能来考虑，有哪个色彩模式就选择哪个即可。

4.2.4 编码格式

编码格式建议使用 H.265，画面细节会更丰富，且内存空间占用较小。

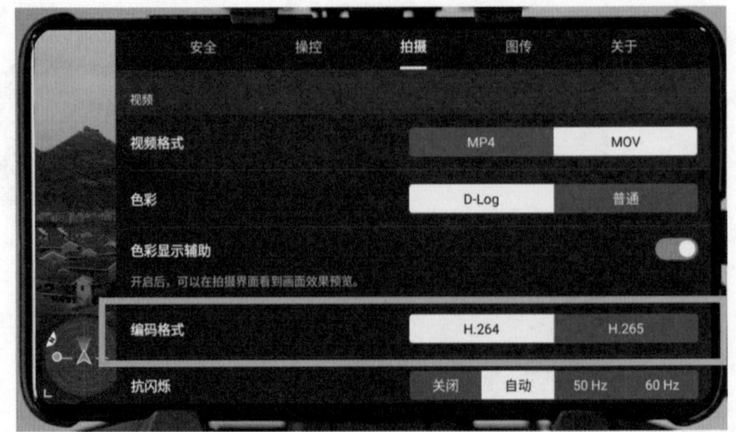

（建议使用 H.265 编码格式录制）

H.265 是一种较新的编码格式，因为老旧的设备不一定能很完美地支持这个编码生成的文件格式，所以有时观看视频就会卡顿或无法播放。如果出现这样的情况，那么可以更换设备，或者调回 H.264。目前 H.264 比 H.265 兼容性好。

4.2.5 色彩信息比特

❶ 原理

色彩信息比特（bit）也叫作色彩深度，颜色从浅到深过渡时，能够显示的梯度比特值越大，则显示的梯度越多。

❷ 区别

就目前的消费级航拍无人机而言，主要有 8bit 和 10bit 两类。

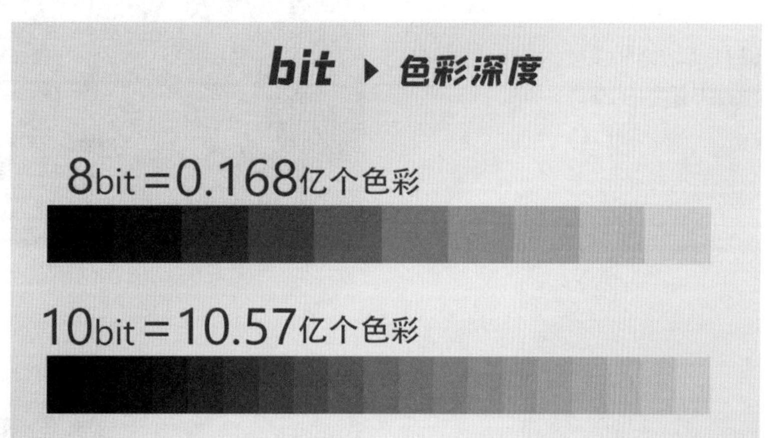

❸ 对比

一般来说，比特值越高，后期操作的空间越大。这个参数通常是看不见的，只有将文件导入后期处理软件才能看到区别。

（将视频导入后期处理软件）

右边这段视频是用 8bit 的 DJI Air 2S 拍的，将其导入剪映软件，在调色时拖动饱和度，很快就会看到天空部分出现了断层的现象。

（8bit 视频的天空部分出现了断层）

右边这段视频用是 10bit 的 DJI Mavic 3 拍的，导入剪映软件并拖动饱和度，天空部分不会出现断层的现象。

（10bit 视频的天空部分过渡很自然）

4.2.6 分辨率

分辨率越高，图像越清晰，画面细节越丰富，同时视频文件也会更大，还会占用更多的存储空间。

目前的主流视频分辨率还是 1080p，接近 2K，建议分辨率设置在 4K 以上。这样在拍摄现场，即使构图不够完美，相对较大的分辨率也便于我们后期再次构图，同时保证色彩细节丰富、清晰度相对较高。

（飞行前选择合适的分辨率）

4.2.7 帧率

❶ 原理

日常看到的视频，其实是由连续的图片组成的，1 秒有多少张连续的图片在播放，就是有多少帧，即帧率。

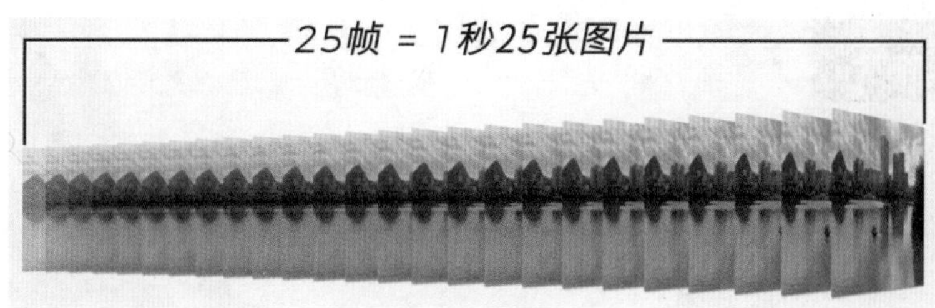

（帧率原理示意图）

❷ 区别

（1）同等分辨率下，帧率越高，视频画面越流畅。

（2）如果录制的视频文件不大，那么成像画质将会有所下降。

（3）如果视频文件足够大，那么画质不会下降，但是会占用更多存储空间。

❸ 帧率设置建议

（1）国内电视制式通常为 PAL，建议选择 25 帧为基数的单位进行航拍，如 25p、50p、100p。

（2）国外电视制式通常为 NTSC，建议选择 30 帧为基数的单位进行航拍，如 30p、60p、120p。

在网络平台上，以抖音为例，通常 30p 或 60p 就已经满足平台帧率的需求。但是学会了后期制作，如果需要慢动作的视觉艺术效果，那么就可以设置为 60 帧或 120 帧的高帧率进行拍摄。注意，高帧率的拍摄需要充足的光线。

4.2.8 码率

码率通常以 Mbps（兆比特每秒）为单位，航拍无人机中的相机拍出来的视频码率通常不会直观显示。如果不知道自己的机器所拍出来的视频码率有多大，那么可以按照下面的方法自行计算。

将拍出来的视频复制在电脑上，用鼠标右击视频并选择“属性”选项，在“属性”对话框的“详细信息”选项卡中找到总比特率的数值，用这个数值除以 1024，就知道码率是多少了。一般码率越大，图像越清晰，画面细节越丰富。

（在电脑上找到总比特率）

4.3 照片素材和视频文件的导出方法

（手机微信扫码观看相关视频教程）

本节以 DJI Mavic 3 机型为例进行演示，带大家学习常见的照片素材和视频文件的导出方法。

4.3.1 素材类型

每次拍摄结束时，素材会以两种方式存储在机身端和移动端。

在没有对素材进行下载的前提下，移动端（手机、平板电脑或带屏遥控器）的素材并不是原始的素材文件，而是图传同步时的缓存文件，这个文件总体质量低，只适合发朋友圈娱乐，不适合用来进行后期编辑。通常原始素材都是在 SD 卡中，如果使用的是 DJI Mavic 3 Cine 大师版这类更高级的产品，那么原始素材则是在航拍无人机机身自带的固态盘中。

建议大家养成提前将原始素材备份的习惯。很多飞手在航拍完成时，不记得先将航拍无人机中的原始素材备份，等到再次拍摄时发现 SD 卡容量已满，又得花时间去备份。这样一来，遇见较紧急的情况，还会耽误拍摄的时机。

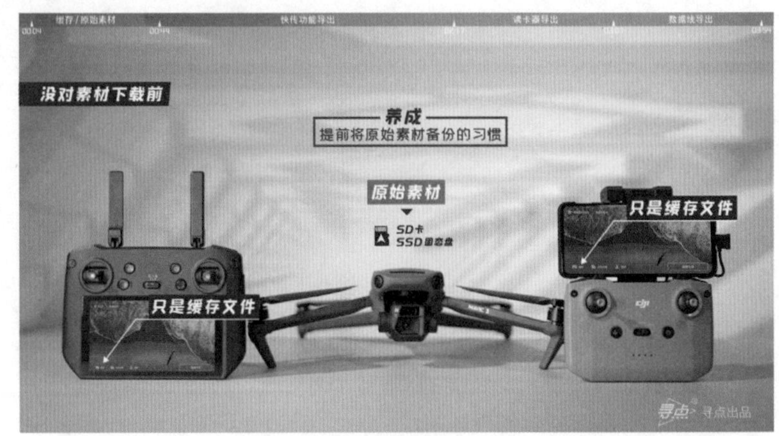

（移动端为缓存文件）

4.3.2 快传功能导出

如果需要用手机或平板电脑进行剪辑，那么建议使用 DJI Mavic 3 机型的快传功能。下面是快传功能素材导出的操作步骤。

（1）将移动端的蓝牙与 Wi-Fi 同时打开，这里不用开启遥控器。

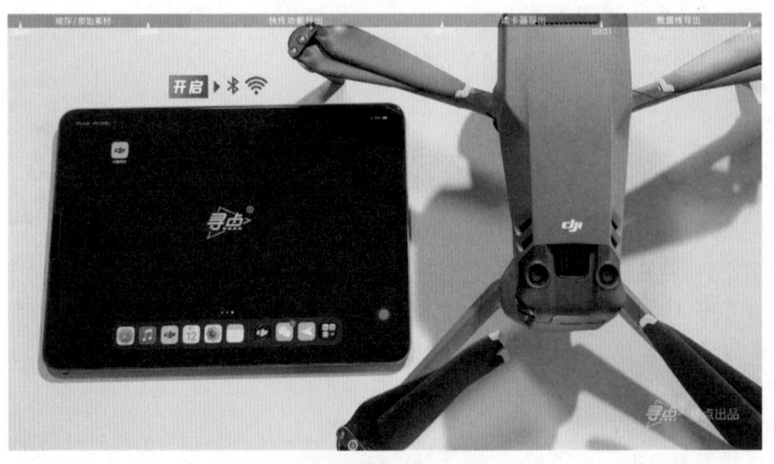

（开启蓝牙与 Wi-Fi）

（2）开启预先安装的 DJI Fly。

（开启 DJI Fly）

（3）开启 DJI Mavic 3 机型的航拍无人机电源。

（开启航拍无人机电源）

（4）在主界面的左下角找到“进入手机快传模式”的提示框，点击“进入”按钮。

（点击“进入”按钮）

（5）操作完成后，DJI Mavic 3 机型的航拍无人机会与移动端连接。

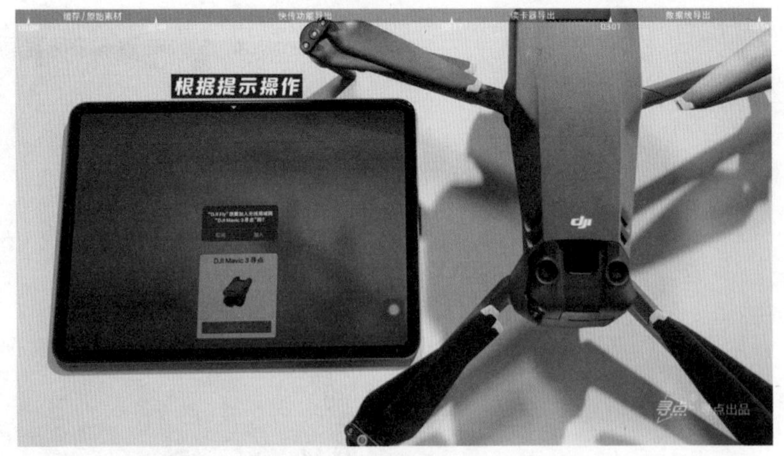

（等待连接）

（6）连接成功后，点击“查看相册”按钮，就可以查看航拍无人机内存中的素材了。

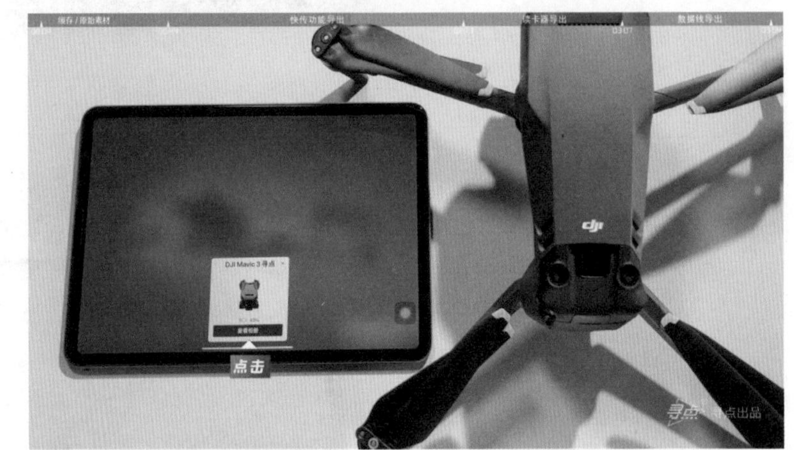

（点击“查看相册”按钮）

（7）在相册界面中选择需要的素材，点击左下角的“下载”图标，开始下载。

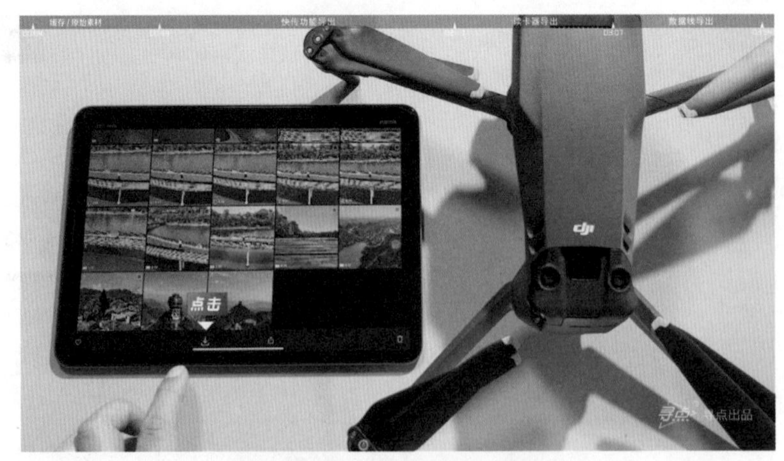

（点击“下载”图标对素材进行下载）

（8）点击“下载”图标时，在弹出的界面中有两个存储路径可供选择。上面的选项是保存在 DJI Fly 的安装路径中，下面的选项是保存在手机相册中。一般都是选择下面的选项，因为这个路径很容易查看，而且下载速度最快能达到 40Mb/s 左右，比用读卡器更方便。

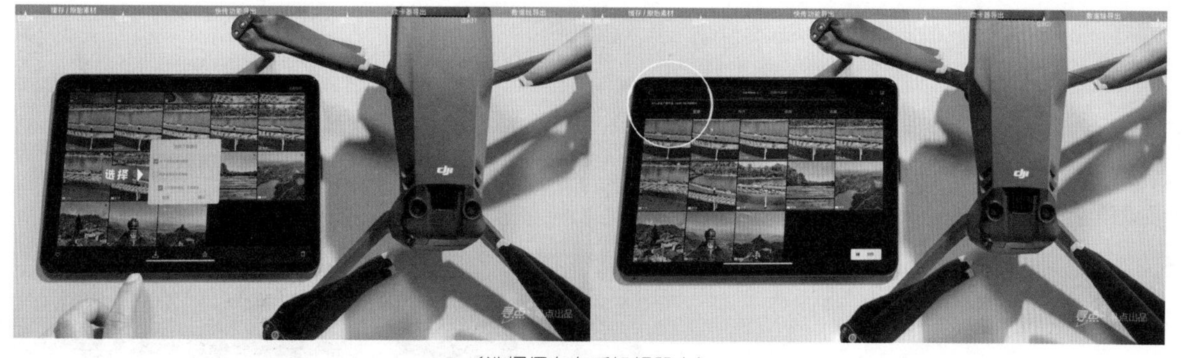

（选择保存在手机相册中）

（1）从 DJI Fly 中导出素材时，如果手机或平板电脑的内存空间有限，那么可以使用分段导出法，将航拍无人机与手机或平板电脑同时连接。在相册里面云预览 SD 卡中的文件，通过左右滑块选取合适的范围，点击“下载”图标就可以将选择的素材导入手机或平板电脑，达到节约存储空间的目的。

（2）如果 DJI RC Pro 遥控器不支持快传功能，那么可以用手机安装 DJI Fly 进行下载。

（3）有的机型并不支持快传功能，具体请参考官方说明。

（4）RAW 图片格式不支持快传功能。

4.3.3 SD 卡导出

（1）准备 Micro SD 读卡器。

（准备读卡器）

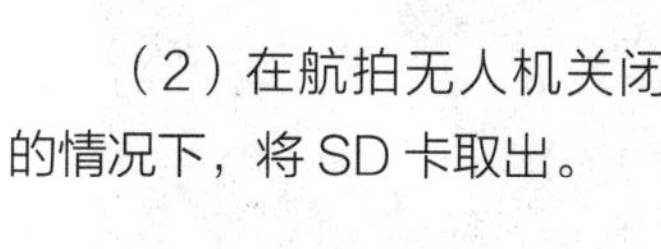

（2）在航拍无人机关闭的情况下，将 SD 卡取出。

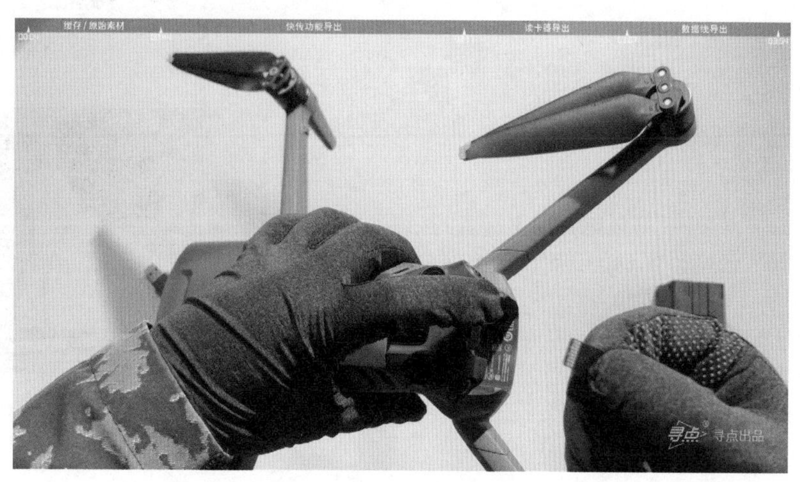

（取出 SD 卡）

（3）按照相应的图标提示，将 SD 卡装进读卡器。

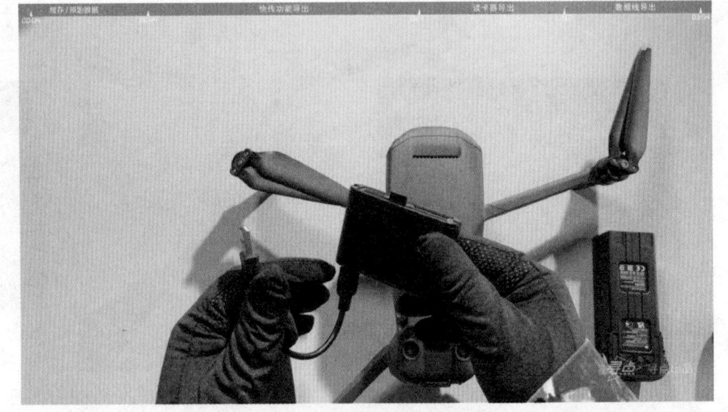
（将 SD 卡装进读卡器）

（4）把读卡器连接到电脑上。

（连接到电脑上）

（5）当电脑上出现新 U 盘时，说明已经识别出 SD 卡，建立好相应的文件夹，选择需要的素材直接复制在文件夹中，即可将素材成功导出。

（复制导出素材）

4.3.4 连接航拍无人机导出

（1）打开电脑，取出配备的 USB 数据线，将航拍无人机与电脑连接。

（取出配备的 USB 数据线）

（2）开启航拍无人机电源。

（开启航拍无人机电源）

（3）此时电脑会弹出 SD 或 SSD Card 等新识别出的 U 盘。

（找到识别的新 U 盘）

（4）点击进入 U 盘，选择需要的素材并复制在提前建好的文件夹中，完成素材的导出。

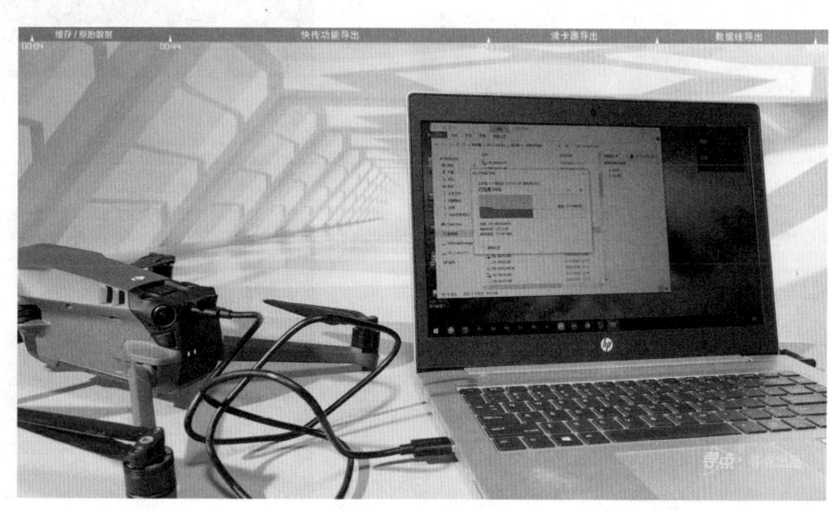

（复制导出素材）

4.4 如何快速调节航拍参数

（手机微信扫码观看相关视频教程）

很多飞手都不想在调节相机的参数上浪费太多时间，但又不知道如何以合适的参数拍到合适的镜头。需要注意的是，这里所说的是相机拍摄时的参数，而不是指拍摄的格式，很多飞手容易把这两个概念混淆。

一般需要提前设置好想要的格式。关于格式，上一节已经讲过了，那么如何快速设置合适的相机参数呢？很简单，如果航拍无人机有测光框，那么优先使用测光框；如果没有测光框，那么就用 EV 曝光。

4.4.1 AE 测光框的使用

下面是 AE 测光框的使用步骤。

（1）打开 DJI Fly，确保相机在自动模式下，把对焦模式调节成自动对焦模式。

（AUTO 自动模式）

大家需要记住，只有在飞行界面的对焦模式是 AF 模式时，AE 测光框的功能才可以开启。

（选择 AF 模式）

（2）在飞行界面中，点击要拍摄的主体就会出现测光框，它会根据场景智能调节白平衡、快门、感光度、光圈等数值来满足画面拍摄需求。

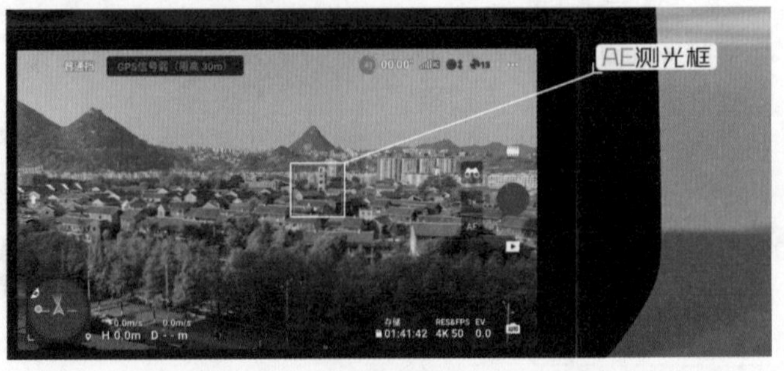

（AE 测光框）

（3）长按测光框可以锁定曝光与对焦。拍摄视频时记得要锁定，这样参数就不会随着场景的变化而变化，可以有效避免画面时而亮时而暗，或者有冷暖变化的情况。

（长按 AE 测光框锁定）

（4）如果自动计算的明暗达不到拍摄需求，那么可以上下滑动旁边的小太阳图标，就可以整体控制画面的明暗，调节出自己想要的数值。

（滑动小太阳图标调节画面明暗）

（5）点击测光框外任意位置即可解锁，以便再次对其他主体进行测光操作。

（点击测光框外可以解锁）

4.4.2 EV 曝光的使用

在将相机调成自动模式时，航拍无人机就已经自动为画面智能调节白平衡、快门、感光度、光圈等数值了，但有时明暗效果并不一定理想，此时就需要通过 EV 曝光值来进行调整。

（1）先将相机调节成自动模式。

（将相机调节成 AUTO 自动模式）

（2）改变 EV 曝光值来对画面再次进行明暗的控制，值越高画面越亮，值越低画面越暗。

（改变 EV 曝光值调节画面明暗）

如果是拍风景，那么建议使用无限对焦模式（两个三角形图标）。长按对焦图标，然后将菜单向下拖动到底部就会看到了。

（拍风景，建议使用无限对焦模式）

如果是拍运动的物体，那么建议使用 AF 模式。点击对焦图标就会切换成 AF 模式。

（拍运动的物体，建议使用 AF 模式）

（手机微信扫码观看相关视频教程）

4.5 如何快速拥有完美的构图

经过前面章节的学习，相信大家已经学会如何飞行、如何设置相机的拍摄参数了。但是如果构图不好，那么拍出来也是白拍。

虽然网络上讲了很多方法技巧，但是对于新手来说，简单实用的就只有 3 种构图形式，即中心点构图、对角线构图、九宫格构图。无论是拍视频还是拍图片，这 3 种构图形式同样适用。

4.5.1 调出航拍参考线

在系统设置中找到辅助线，即可找到中心点构图、对角线构图、九宫格构图。

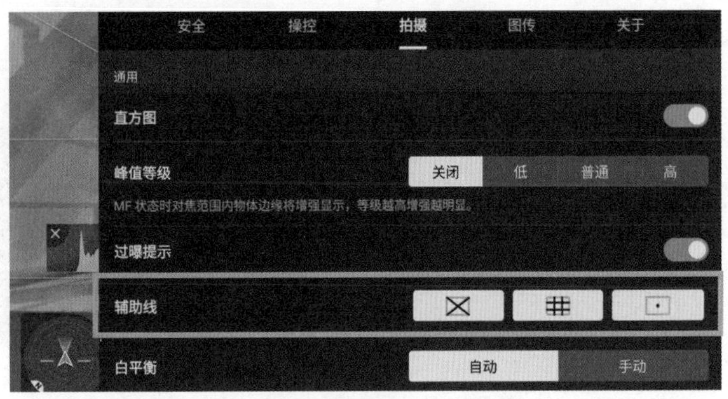

（辅助线）

4.5.2 中心点构图

（1）打开中心点辅助线后，飞行界面中会出现一个中心点。

（中心点构图）

（2）找到需要航拍的主体，将主体作为视频的构图中心，周围加上一定的衬托对象或背景，会让画面更有层次。

（中心点构图实例 1）

（中心点构图实例 2）

中心点构图是新手入门时最简单、最常用的构图方式。使用中心点构图时，不要让镜头拍的内容过多，否则不好突出主体，尽量找背景较简单的场景来进行拍摄。

4.5.3 对角线构图

（1）打开对角线辅助线后，飞行界面中会出现两条对角线。

（对角线构图）

（2）有时可以利用画面中的线条元素（如公路、河流、桥梁等），把它们放在对角线上，或者是将两种元素放在画面两侧，让画面变得更有动感。

（对角线构图实例）

4.5.4 九宫格构图

（1）打开九宫格辅助线，这里需要留意横竖三等分与交叉的四个点。

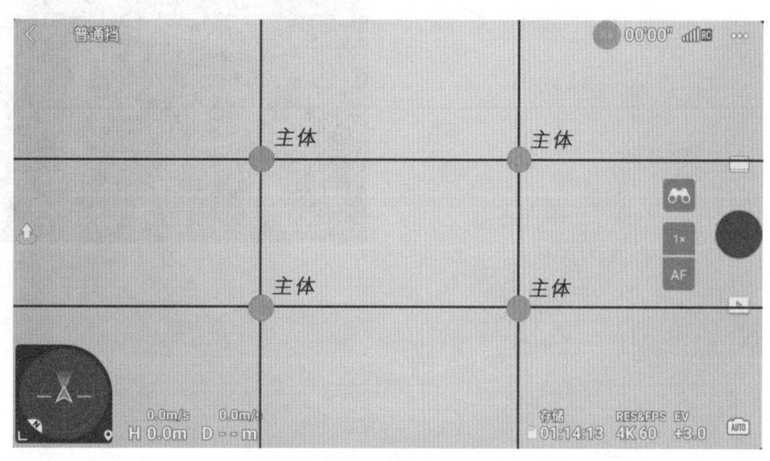

（九宫格构图）

（2）将主体放在左下角的这个点上，拍出来的视觉观感会更舒适。

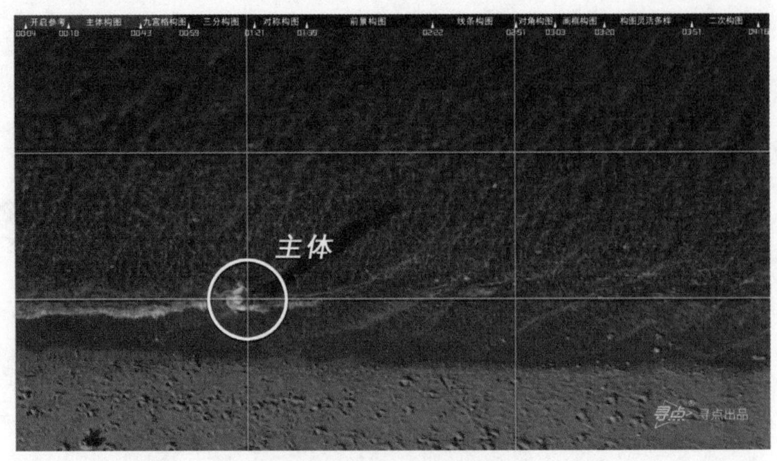

（九宫格之“四点构图”实例）

（3）把想要拍摄的主体放置于横向的 2/3 处，可以让画面的视觉中心更鲜明。

（九宫格之“2/3 构图”实例 1）

（九宫格之“2/3 构图”实例 2）

通常情况下，航拍时建议选择最大分辨率。因为前期可能会因为不可抗因素导致拍摄的画面构图并不理想，如果画面分辨率高，那么就可以在剪辑软件中通过缩放、位移等方法进行二次构图，且不影响画面的清晰度。

（手机微信扫码观看相关视频教程）

4.6 掌握航拍智能跟随功能

智能跟随是航拍中非常吸引人的功能之一，不同级别的航拍无人机跟随效果也不太一样。价位较高的像 DJI Mavic 3 机型，在跟随过程中可以进行 8 个方位的切换，而价位较低的 DJI Mini SE 机型和 DJI Mini 2 机型就没有这个功能。如果你的航拍无人机没有这个功能，那么这里做一个了解即可。

本节就以具有代表性的 DJI Mavic 3 机型为例进行演示。

4.6.1 智能跟随的使用前提

（1）需要在白天光线良好的情况下使用跟随功能，因为光线不好，跟随功能将会失效。

（2）不要让航拍无人机与跟随的目标过近或过远，否则无法识别出目标。

（3）跟随的目标一定要与现场的背景有所反差，让目标更容易识别。

（4）找宽阔的环境拍摄，除了 DJI Mavic 3 机型是全向避障，其他机器左右两侧没有避障。如果侧方有障碍物，那么就比较容易跟随失败。

（5）智能跟随不适合拍高速运动或画面中过于细小的目标。

4.6.2 智能跟随的跟随方式

❶ 选择目标主体

（1）将航拍无人机飞行到合适的高度，框选目标主体，此时飞行界面中出现绿色的框，说明已经建立了目标，跟随功能已经生效。

（2）点击左上角绿色的“取消”图标，可以取消目标点。

（已选定跟随目标）

（绿色的圆形为“取消”图标）

❷ 焦点锁定 / 跟随

确定目标点后，在弹出的选项中，默认会进入焦点锁定，将航拍无人机进行上升或下降、左右横移，镜头始终都会对着目标点。焦点锁定可以结合不同的飞行动作拍出有趣的镜头，如在焦点锁定之后，按下录制键，配合上升 + 后退的飞行动作，可以拍出渐远的镜头。

（焦点锁定 / 跟随）

❸ 追踪跟随

（1）点击左边的“跟随”图标后，默认会进入目标追踪跟随。

（点击“跟随”图标）

（2）追踪跟随激活后，镜头会始终锁定在目标物体的前后方向上。

（激活追踪跟随）

❹ 平行跟随

（1）向左滑动目标追踪跟随中的人物图标，可以启用平行跟随。

（滑动人物图标）

（2）平行跟随激活后，镜头会始终锁定在目标物体的左右方向上。

（激活平行跟随）

❺ 环绕跟随

（1）点击右边的“环绕”图标，就会进入目标环绕跟随。

（点击“环绕”图标）

（2）环绕跟随激活后，镜头就会锁定在目标上，同时出现环绕的方向和速度的选择，选择想要的方向与速度，点击下方的"GO"图标，航拍无人机与相机云台会调整姿态，始终让镜头锁定在目标物体上，计算出合适的环绕半径，环绕跟随着目标进行飞行。

（激活环绕跟随）

（手机微信扫码观看相关视频教程）

4.7 快速出片的 4 种大师镜头模式

大师镜头可以说是航拍小白的福音，因为它主要解决了两类问题。

第一，新手前期不会运镜打杆。

第二，只想记录生活，不想去学后期，对视频创作没有要求。

总之就是省事。但是有一个使用前提，大师镜头只能对人物或拍摄主体与背景有着明显区别，并且相对静止的景物进行拍摄，快速移动的物体拍不了。本节主要介绍大师镜头是如何使用的。

4.7.1 人物拍摄

（1）先将航拍无人机飞行到合适的位置，找到需要拍摄的人物。

（将航拍无人机飞行到合适的位置）

（2）在飞行界面中框选或开启“目标扫描”功能，选择要拍摄的人物。

（选择要拍摄的人物）

（3）在飞行界面中点击胶片图标，选择大师镜头模式。

（选择大师镜头模式）

（4）飞行界面下方会显示预计拍摄的时长窗口，点击“向下”按钮展开后，可以设置飞行范围的长、宽、高度，根据自己的拍摄需求并结合现场的环境进行设置即可。

（设置拍摄参数）

（5）点击左下角的导航地图，会直观显示设置的飞行范围，航拍无人机只会在这个正方形内部进行大师镜头的智能航拍。开始智能拍摄前，建议提前查看一下正方形地图范围内的物体高度是否超过当前航拍无人机的飞行高度，以防拍摄失败。

（飞行范围查看）

（6）选定好人物后，右边的录制键会变成“Start”（开始）图标，点击该图标是任务的起点，倒计时结束后，航拍无人机将开始自动拍摄大师镜头。

（点击“Start”图标执行拍摄任务）

（7）任务开始后，“Start”图标会变成带百分比的“取消”图标，以便查看拍摄任务进度。

（通过图标查看拍摄任务进度）

（8）在较大任务的拍摄过程中，再次点击“取消”图标或短按遥控器上的返航键，可以终止大师镜头的拍摄任务。

（点击“取消”图标可终止任务）

（9）稍等片刻，航拍无人机在拍摄任务完成之后，会自动返回到任务的起点位置。

（任务完成后航拍无人机将返回至起点）

大师镜头拍摄人物的运镜有以下 10 种：缩放变焦、中景环绕、近景环绕、渐远、远景环绕、抬头前飞、冲天、扣拍上升、平拍下降、扣拍下降。

4.7.2 近景 / 远景拍摄

下面以近景拍摄为例，介绍拍摄步骤。

（1）先将航拍无人机飞行到合适的位置，再找到合适的近景主体，在飞行界面中框选或开启“目标扫描”功能，然后选择要拍摄的主体。

（选择要拍摄的近景主体）

（2）选定好主体后，点击“Start”图标，航拍无人机将开始自动拍摄大师镜头。

（点击“Start”图标执行拍摄任务）

（3）稍等片刻，航拍无人机在拍摄任务完成之后，会自动返回到任务的起点位置。

（任务完成后航拍无人机将返回至起点）

远景拍摄方法与近景拍摄方法一样。自动拍摄的运镜有以下 10 种：渐远、远景环绕、抬头前飞、近景环绕、中景环绕、冲天、垂直前飞、扣拍上升、平拍下降、扣拍下降。

4.7.3 回放创作

（1）每次使用大师镜头完成拍摄任务后，航拍无人机会自动生成一部影片，可以点击飞行界面右下角的浮窗或“回放”图标，对短片进行预览和创作。

（点击浮窗或“回放”图标进行短片预览和创作）

（2）如果想加入个性创作，那么在短片预览界面的右下角有一个星星魔法棒图标，点击该图标可以进行个性创作。

（点击星星魔法棒图标进行短片个性创作）

（3）进入个性创作模板页面，可以根据场景找到合适风格的模板，选定后，点击“完成”图标，DJI Fly 会自动对短片进行个性创作。

（选择想要的模板进行创作）

（4）点击右上角向上箭头的“分享”图标，可以将作品分享至朋友圈。

（点击“分享”图标）

（5）如果不需要个性创作，那么可以滑动至最左边，点击选择视频文件，直接查看原片即可。

（查看原片）

提示 使用大师镜头会有一定的限制，如分辨率只能在 4K 与 1080p 之间进行选择（具体对应的机型在官网查看）。大师镜头的使用前提与智能跟随一样，这里不再重复讲解。

（手机微信扫码观看相关视频教程）

4.8 航拍智能运镜的 6 种“一键短片”功能

一键短片不会像大师镜头那样拍出一部短片，而是会做出一种飞行动作，只拍一段镜头。镜头的展现效果与大师镜头类似，只是大师镜头是一系列镜头的拍摄，而一键短片是拆开成单个镜头的拍摄。

一键短片飞行动作有以下 6 种：渐远、冲天、 环绕、螺旋、彗星、小行星。

（各类一键短片对应的图标）

4.8.1 使用前的准备

（1）确保飞行挡位在普通挡。

（2）调整航拍无人机与主体之间的距离，确保周围环境与“一键短片”功能设置的飞行范围相对宽阔，且无障碍、无遮挡。

（3）建议新手先从较短的距离开始练习。

（4）航拍无人机上升到合适的高度，与大师镜头一样需要找到合适的拍摄主体。

（5）在 DJI Fly 界面中打开“一键短片”功能，可以根据环境的实际情况，使用相应效果的一键短片。

4.8.2 一键短片：渐远

（1）根据对环境的判断选择合适的距离。这里以最小 35m 的飞行距离为例进行演示。

（根据环境选择合适的距离）

（2）选定拍摄目标后，点击右边的“Start”图标，航拍无人机以当前所处的位置为任务起点开始拍摄。如果拍摄完成，那么航拍无人机会回到起点。

（点击“Start”图标执行拍摄任务）

（3）倒计时结束，航拍无人机开始渐远拍摄，镜头将对着目标，一边后退，一边上升。

（渐远拍摄任务执行中）

（4）拍摄结束后，航拍无人机将自动返回到任务的起点。

（任务完成后航拍无人机将返回至起点）

与大师镜头一样，每次一键短片拍摄结束后都可以点击“回放”图标，查看拍摄的素材。

（点击“回放”图标可以查看素材）

4.8.3 一键短片：冲天

（1）根据对环境的判断选择合适的距离。这里以 50m 为例进行演示。

（根据环境选择合适的距离）

（2）选定拍摄目标后，点击右边的“Start”图标。

（点击“Start”图标执行拍摄任务）

（3）倒计时结束，航拍无人机开始冲天拍摄，镜头一边竖直上升，一边将焦点锁定在目标上。

（冲天拍摄任务执行中）

（4）拍摄结束后，航拍无人机将自动返回到任务的起点。

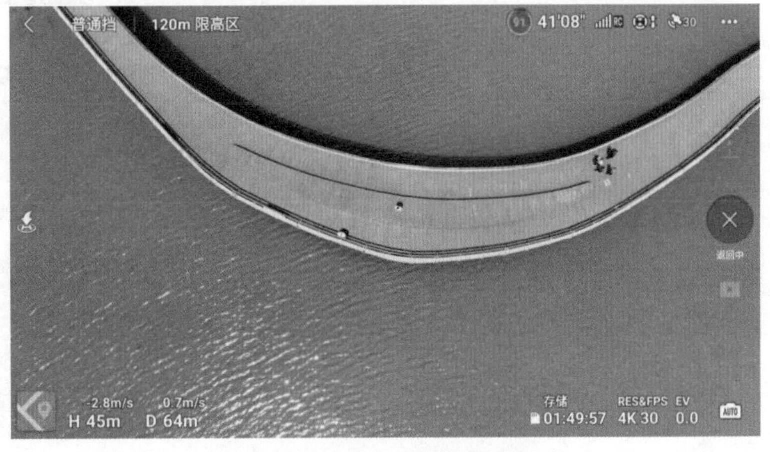

（任务完成后航拍无人机将返回至起点）

4.8.4 一键短片：环绕

（1）选择“环绕”功能，航拍无人机会根据环境自主进行判断，先将航拍无人机与拍摄目标的距离调整好。需要注意的是，环绕的半径不可以更改。

（根据环境调整合适的距离）

（2）选定拍摄目标后，会出现环绕方向的选择，一般左边为顺时针方向环绕，右边为逆时针方向环绕。确定好环绕的方向后，航拍无人机会调整姿态与目标对应。

（确定环绕方向）

（3）调整好之后，点击右边的“Start”图标。倒计时结束，航拍无人机会以调整好的半径进行环绕拍摄。

（点击“Start”图标执行拍摄任务）

（4）拍摄结束后，航拍无人机将自动返回到任务的起点。

（任务完成后航拍无人机将返回至起点）

4.8.5 一键短片：螺旋

（1）选择“螺旋”功能，再选择飞行的最大半径，根据对环境的判断选择合适的距离。这里以 30m 为例进行演示。

（根据环境选择合适的距离）

（2）选定拍摄目标后，确定螺旋的方向，左边为顺时针方向环绕，右边为逆时针方向环绕。确定好螺旋的方向后，航拍无人机会调整姿态与目标对应。

（确定螺旋方向）

（3）调整好之后，点击右边的“Start”图标。倒计时结束，航拍无人机会螺旋上升、后退，并环绕目标一圈，镜头将始终锁定在目标上。

（点击“Start”图标执行拍摄任务）

（4）拍摄结束后，航拍无人机将自动返回到任务的起点。

（任务完成后航拍无人机将返回至起点）

4.8.6 一键短片：彗星

（1）“彗星”功能没有距离选择，根据对环境的判断，需要先将航拍无人机与拍摄目标的距离调整好。

（根据环境调整合适的距离）

（2）点击或框选确定需要拍摄的目标，再确定彗星方向，航拍无人机将会调整姿态与目标对应。

（确定彗星方向）

（3）调整好之后，点击右边的“Start”图标。倒计时结束，航拍无人机将围绕目标飞行一圈，镜头始终锁定在目标上，先逐渐上升到最远端，再逐渐下降。

（点击“Start”图标执行拍摄任务）

（4）拍摄结束后，航拍无人机在下降的过程中，正好返回到任务的起点。

（任务完成后航拍无人机将返回至起点）

4.8.7 一键短片：小行星

（1）“小行星”功能也没有距离选择，根据对环境的判断，需要先将航拍无人机与拍摄目标的距离调整好。

（根据环境调整合适的距离）

（2）选定拍摄目标后，点击右边的“Start”图标，这里将是任务的起点。航拍无人机会完成后退、上升、渐远飞行，上升至拍摄全景的合适高度后就会进入全景拍摄阶段。

（点击“Start”图标执行拍摄任务）

（3）拍摄结束后，航拍无人机将自动返回到任务的起点。

（任务完成后航拍无人机将返回至起点）

（1）在一键短片执行任务的过程中，录制键会从之前的“Start”图标变为带百分比的“取消”图标，如果发生紧急情况，那么可以点击“取消”图标结束任务，航拍无人机将进入原地紧急悬停状态。

（2）如果不小心拨动遥控器摇杆，那么也会结束拍摄任务，航拍无人机将原地悬停。

（3）使用一键短片之前，要确保目标正前方在相对应的飞行路径上，以及飞行范围内没有障碍物，以避免飞行失败。

（4）一键短片的使用前提与智能跟随一样，这里不再重复讲解。

4.9 飞行挡位与云台灵敏度详解

（手机微信扫码观看相关视频教程）

新手容易犯一个错误，就是一开始总是去在意 EXP 感度如何设置。其实 EXP 没有一个固定的值，等后期飞行熟练，可以根据自己的飞行习惯去调节相应的 EXP 曲线参数，过程中需要不断地试飞调节。

4.9.1 EXP 曲线调节原理

根据之前的学习，操作遥控器和航拍无人机时，进入飞行系统设置，在操控菜单的“遥控器高级设置”界面中就可以打开 EXP 曲线设置。

EXP 曲线设置的值越小，摇杆操控航拍无人机的响应速度越慢，且响应的缓冲速度越迟钝。

EXP 曲线设置的值越大，摇杆操控航拍无人机的响应速度越快，且响应的缓冲速度越灵敏。

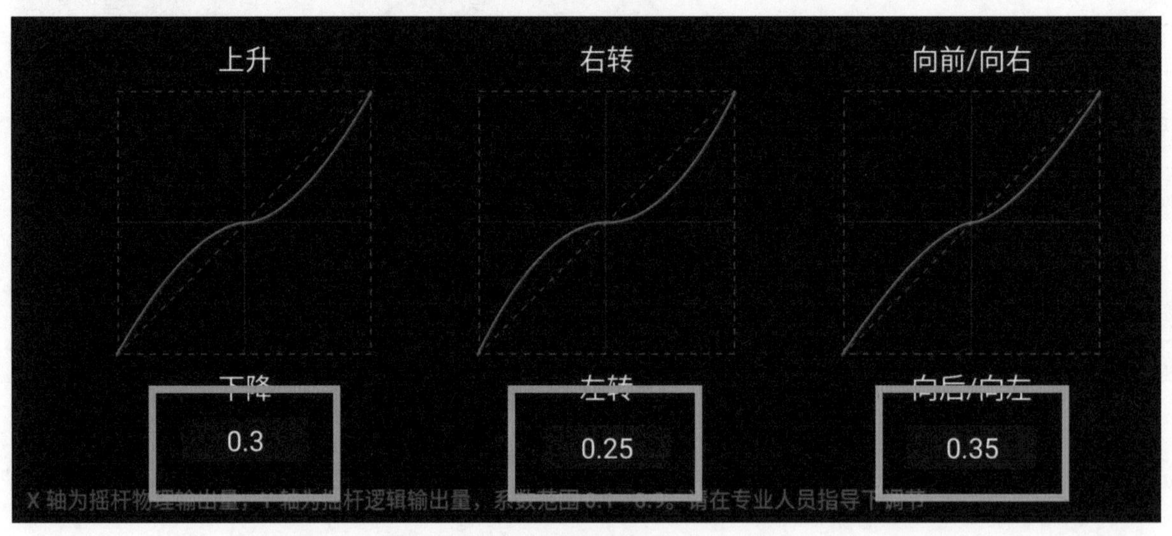

（EXP 曲线值修改）

4.9.2 飞行挡位运用

由于大疆航拍无人机的三种飞行挡位的 EXP 曲线值分别对应着不同的 EXP 值，且能够满足新手日常的航拍需求，所以这里需要对各挡位相应场景的运用进行细讲。

（1）如果没有什么特别要求，那么建议平时航拍或日常练习时使用普通（N）挡。

（2）如果需要贴近主体飞行，航拍的是比较平静的镜头，如运动缓慢的人或物体等，那么建议调到平稳（C）挡。这个挡位航拍无人机的整体速度会有一定限制，飞行时会非常稳且缓慢，相对也比较安全，拍出来的镜头就像用摄像机轨道拍的那样舒缓唯美。

（N挡）

（C挡）

（3）如果航拍的是一些类似快速行驶的车辆这样大范围运动的场景，那么建议调到运动（S）挡。这样能够跟上汽车行驶的节奏，画面效果会好得多。这个挡位航拍无人机的整体速度会大幅提升，飞行时会比平常要迅猛得多。

（S挡）

4.9.3 相机云台灵敏度

（1）在 DJI Fly 中打开操控菜单，下拉到底部，打开“云台高级设置”选项。

（2）在界面中会看到遥控器上的三个飞行挡位，分别对应着相应的云台参数调节。

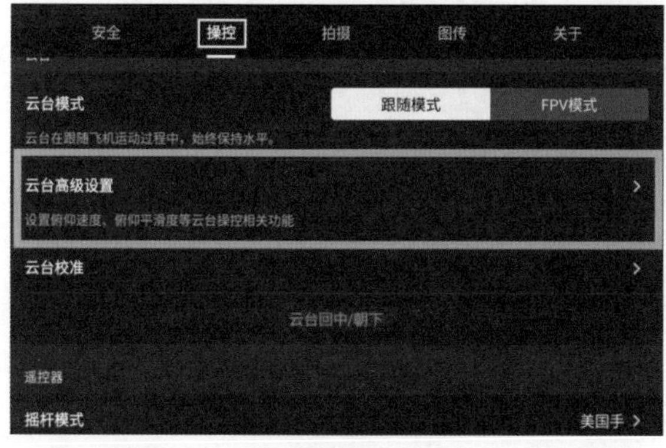

（云台高级设置入口）

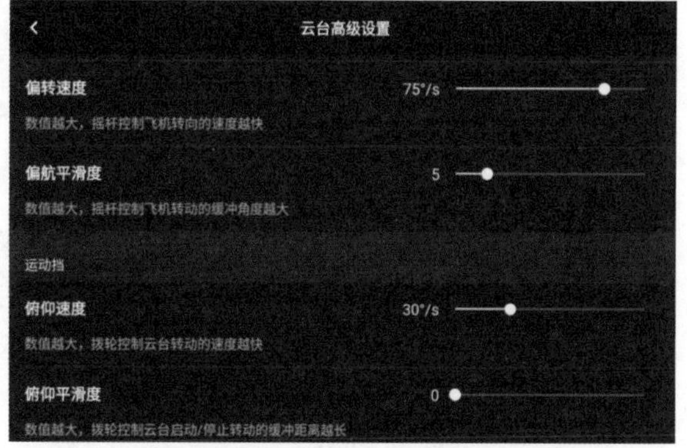

（不同挡位下云台的参数调节）

关于参数说明，每项参数对应着速度与缓冲，下面分别进行详细介绍。

（1）俯仰速度。对应着相机云台自身的上下运动的响应速度，值越大响应速度越快；值越小响应速度越慢。

（2）俯仰平滑度。每次航拍时，在使用拨轮去控制相机云台上下运动的过程中，会有一个启动或停止的过程，而俯仰平滑度就对应着启动或停止响应时云台的缓冲距离，值越大缓冲距离越远；值越小缓冲距离越近。

（3）偏转速度。对应着相机云台跟随航拍无人机自旋转向时，水平方向上的响应速度，值越大响应速度越快；值越小响应速度越慢。

（4）偏航平滑度。每次航拍时，在使用自旋的摇杆去控制转向运动的过程中，偏航平滑度就对应着云台转动的缓冲角度，值越大缓冲角度越大；值越小缓冲角度越小。

4.9.4 相机云台参数设置建议值

关于飞行挡位的俯仰速度 / 俯仰平滑度 / 偏转速度 / 偏航平滑度参数，建议按以下顺序依次设置。

平稳（C）挡：5/15/22/20。

普通（N）挡：10/15/30/8。

运动（S）挡：28/5/76/5。

如果参数设置被打乱了，那么可以在“云台高级设置”界面中点击“重置”按钮，重新进行参数设置即可。

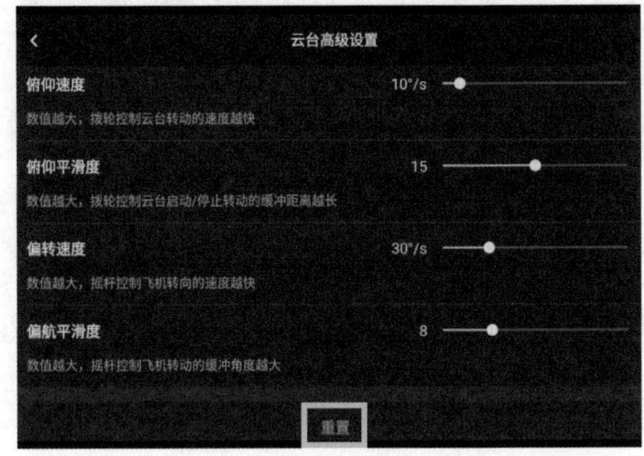

（参数重置）

4.10 航拍运镜学习和训练

（手机微信扫码观看相关视频教程）

在航拍飞行的过程中，根据不同的场景需要，飞手可以切换不同的飞行挡位，将两个摇杆和云台拨轮结合使用，就可以实现丰富的运镜方式。这里根据难度的不同，可分为初级、进阶、复合 3 个级别；而根据表达的不同，可分为开场运镜、发现运镜、跟随运镜、结束运镜。

这部分知识，文字内容不便于理解，建议大家扫描上方二维码进行直观的视频学习。

4.10.1 运镜难度上的区别

❶ 初级运镜

初级运镜是最简单的运镜，常见的初级运镜有水平方向上的上升、下降、向前、向后、自旋、向左、向右，通常先把航拍无人机飞行到合适的位置，通过单独调整航拍无人机的姿态和相机云台，完成构图后再点击录制键，航拍无人机完成上升、下降、向前、向后、自旋、向左、向右的飞行动作，仅控制航拍无人机水平飞行，就可以实现推、拉、遥、移的镜头效果。

❷ 进阶运镜

进阶运镜是在航拍无人机水平飞行的基础上，配合一定的云台操作，常见的进阶运镜有水平前后飞行 + 镜头俯仰、水平环绕，下面进行具体介绍。

（1）水平前后飞行 + 镜头俯仰。将航拍无人机水平向前或向后飞行的同时，控制云台拨轮保持在拍摄主体上，会得到极富冲击力的镜头。

（2）水平环绕。就是之前学过的“刷锅”，这类镜头会一直强调一个主体。

❸ 复合运镜

复合运镜对飞手就有一定的要求了，难度也相对较高，建议有一定操作经验之后再去尝试。通过合理的操作与相机云台进行配合，能够为画面注入更多的元素。

常见的复合运镜有渐远、跟踪拍摄、复合“刷锅”，下面进行具体介绍。

（1）渐远。控制俯仰杆向下拉，加上上升油门，让航拍无人机有一个斜线飞行的动作，在飞行的同时需要控制好云台拨轮，让镜头始终在主体上。

（2）跟踪拍摄。有时候拍快速移动的对象时，需要不断调整航拍无人机的飞行动作和云台的俯仰，让画面始终跟随着主体。

（3）复合“刷锅”。也称为“棒棒糖”运镜，拍摄时在环绕动作的基础上，可以加入上升、下降、云台俯仰等操作。

4.10.2 运镜表达上的区别

❶ 开场运镜

常见的开场运镜有上升、俯拍、推进，下面进行具体介绍。

（1）上升。增加航拍无人机的高度，画面会获得新视角。同时航拍无人机和越来越多的场景建立联系，观众对环境的认知也会逐渐增加。

（2）俯拍。航拍无人机从上而下俯拍，获得鸟瞰图，俯拍镜头视野开阔，给观众直观地展示叙事场景。为了避免画面单调，可以同时控制航拍无人机下降或旋转，给画面增加表现力。

（3）推进。航拍无人机朝向目标飞行，逐渐缩短和目标的距离。这种运镜能有效交代主体与环境的关系，同时突出主体形象。飞行速度的快慢也决定了画面的节奏和风格。

❷ 发现运镜

常见的发现运镜有俯拍到仰拍、穿越镜头、越景镜头，下面进行具体介绍。

（1）俯拍到仰拍。以俯视的角度将航拍无人机向前方直线飞行的同时，控制云台缓缓向上抬，这样会露出更广阔的场景，为画面带来新的元素。这种镜头比较符合人眼视觉习惯，场景代入感较强。

（2）穿越镜头。用穿越场景中的某些元素将前后两个场景连接起来。因为近景元素较多，所以飞行速度较快，画面节奏也更加紧张。

（3）越景镜头。利用场景中的元素遮挡部分场景，当航拍无人机飞过这些元素后，场景中被遮挡的景物逐渐出现，视野重新变得开阔，引导画面节奏的跳动，让观众看到新的画面。

❸ 跟随运镜

常见的跟随运镜有俯拍跟随、环绕跟随、固定跟随，下面进行具体介绍。

（1）俯拍跟随。从空中俯拍主体，同时跟随运动主体。既交代了主体和环境的关系，又不会让画面过于呆板，观众还能清晰地了解速度的对比和场景的变化。

（2）环绕跟随。环绕镜头能围绕设定的主体拍摄，从各个角度展示主体，形成主体与环境大小、动静、位置之间的对比。

（3）固定跟随。选中主体，让航拍无人机跟随主体飞行，同时保持主体在画面的同一位置。画面的空间延伸感较强，能将观众更好地带入场景中，通常作为过渡镜头使用。

④ 结束运镜

常见的结束运镜有直接后退、环绕后退、主体出画，下面进行具体介绍。

（1）直接后退。控制航拍无人机向后飞即可，镜头与被拍摄物距离越来越远，释放观众的紧张情绪的同时，也能使画面归于平静。

（2）环绕后退。环绕主体飞行一小段，同时控制航拍无人机向后运动，最后突出主体，以柔和的画面结束片段。

（3）主体出画。无须跟踪，无须大幅运镜，等待主体离开画面即可，让画面停留在最后的场景中，抽离动态元素，让画面停止。

学到这里，可能很多飞手会说："这么麻烦，我还不如用一键短片或大师镜头的镜头"。但是笔者想要说的是，那个属于智能运镜，之前的章节中大家已经了解到智能功能是有限制或负面效果的，比如主体与背景需要有明显区别、夜间目标容易丢失等。如果想提升效果，那么还是需要经常练习运镜打杆。

同时，大家也需要了解一点，运镜只是镜头与飞行动作配合的一种拍摄技巧，好的运镜还要结合好的时机，以及合适的需求来进行。以上只是一个简单的原理介绍，在今后飞手们熟练航拍飞行的操作之后，一定会创造出更多的手法。

新手在前期摸索运镜的时候，需要记住一个法则："飞行挡位和速度由慢到快，拍摄对象由小到大"。

4.11 航拍常用后期制作软件介绍

（手机微信扫码观看相关视频教程）

飞手在航拍完大量的素材之后，有时需要将拍完的视频或图片文件进行再次创作和处理，这部分操作就是后期，后期常见的工作内容有视频包装、视频剪辑和视频调色。

接下来提到的这些素材处理软件，建议大家通过相关教程进行系统的自主学习，不作为本教程的重点内容详细介绍。

4.11.1 航拍业余制作软件

❶ 视频类

（1）DJI Fly 相册的创作功能是最简单，也最容易出片的。

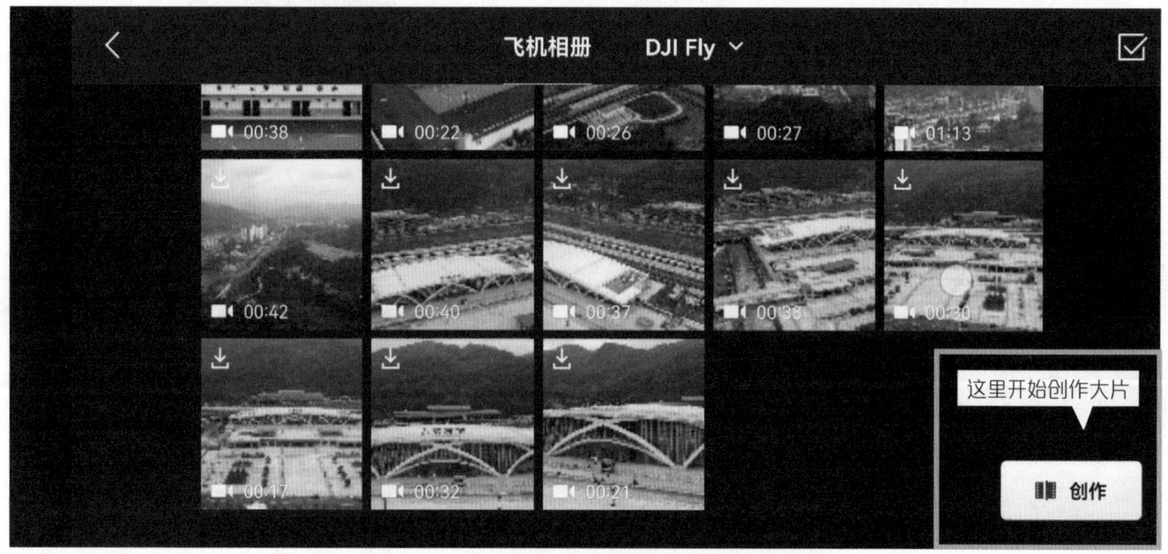

（DJI Fly 相册的创作功能）

（2）如果既想让作品的花样多一点，又要简洁一些，那么手机版的剪映是比较好的选择，该软件功能多、操作简单，非常适合新手。

（3）如果还想再个性一些，那么可以去学一下进阶级电脑版的剪映，它不仅可以处理 D-Cinelike、HDR、HLG、D-Log 等色彩模式的文件，也能调出很不错的画面效果。

（剪映手机版）

（剪映电脑版）

❷ 图片类

常用的图片类后期处理软件有醒图，该软件操作简单，处理图片发朋友圈娱乐是完全没有问题的。

（醒图修图软件）

4.11.2 航拍专业制作软件

❶ 视频类

（1）如果视频中需要添加文字特效或进行延时处理，那么可以学习使用 After Effects（简称 AE），因为 AE 处理这些是很得心应手的。

（AE 视频特效处理软件）

（2）如果需要剪辑合成，那么 Windows 系统可以学习使用 Premiere（简称 Pr）；苹果系统可以学习使用 Final Cut。

（Pr 视频后期剪辑软件）

（Final Cut 视频后期剪辑软件）

（3）如果需要给视频调色，那么可以学习使用达芬奇软件，其调色功能非常强大，在业内也得到了认可。

（达芬奇调色软件）

❷ 图片类

处理图片类的素材，建议选择 PS 或 Lightroom（简称 Lr），这两款软件对于图片处理的优势很强大。

（PS 与 Lr 图片处理软件）

4.12 航拍图片“5 步修图法”训练

（手机微信扫码观看相关视频教程）

平时航拍的图片如果经过一些后期处理，那么会使作品变得更加出彩。本节以简单易操作的“醒图”图像处理软件为例，带大家学习如何快速调整航拍图片。

航拍图片的常规处理有构图、对比度、曝光、饱和度、色温与色调 5 步，接下来以下图为例，为大家具体介绍“5 步修图法”的操作方法。

（调整之前的效果）

（1）前期准备。挑选出想要调整的图片，并导入手机或平板电脑。这里以手机为例进行讲解。

（将要调整的图片导入手机）

（2）打开醒图软件。

（3）导入需要调整的图片素材。

（4）开始调整。找到辅助构图的工具“裁剪”，根据作品的需要，对图片进行裁剪处理。

（打开醒图软件）

（导入图片素材）

（构图处理）

（5）适当调整“对比度”数值（如 49），让画面拥有一定的质感。

（6）点击“调节”选项中的“曝光”图标，把数值设置为 36，对图片进行合适的曝光处理。

（7）在“调节”选项中适当调整“饱和度”数值为 30。

（调整对比度）

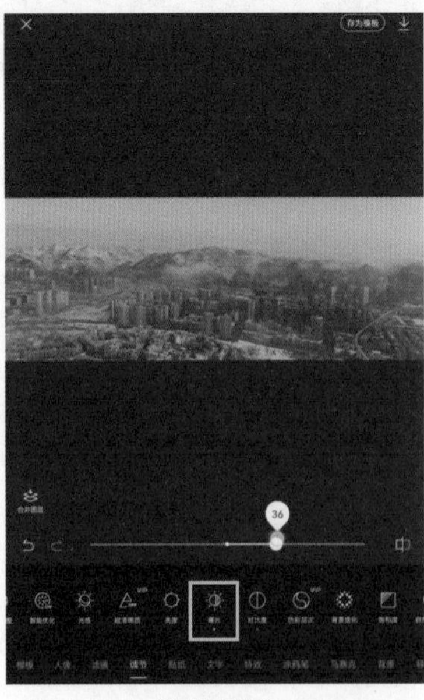

（调整曝光）

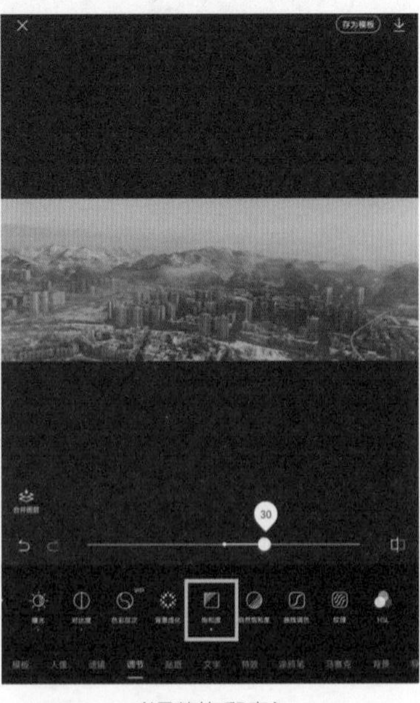

（调整饱和度）

（8）继续调整色温与色调。这里数值不是固定的，以画面效果为准适当增减即可。

图片调整完成后，点击“保存”图标，作品会自动保存在手机相册中。

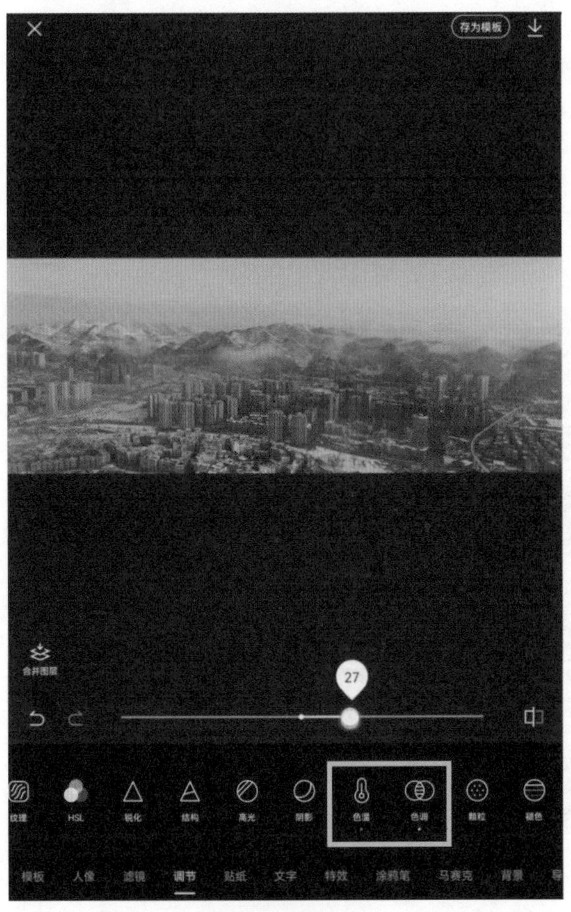

（调整色温与色调）

（保存图片）

（9）操作完成后，完成航拍图片的后期制作。下图是处理完成的效果展示。

（调整之后的效果）

4.13 航拍视频调色技巧训练

（手机微信扫码观看相关视频教程）

调色可以说是视频创作中最重要的一个环节，因为在影片拍摄过程中，光线、色差等因素对素材会造成影响，所以需要让影片的色彩协调统一，以得到惊艳的效果。

本节以古装视频为例，用剪映软件（手机版）演示具体的调色技巧，为飞手今后的调色之路提供参考。

4.13.1 基础调整

（1）导入一段航拍的视频素材，调整合适的时长。

（导入素材）

（2）进入“调节”工具操作界面，通过压低亮度和光感，使画面得到正确的曝光。观察当前素材的曝光分布情况，亮部没有过曝，暗部没有太黑，细节层次比较分明，有较大的调整空间。可以参考下图数值调整此视频素材的亮度和光感。

（调整亮度）

（调整光感）

（3）把“高光”数值设置为 -3，压低高光，让远处的云层能更清楚一些。

（调整高光）

（4）把“阴影”数值设置为 19，提升阴影，使画面明暗层次更丰富。

（调整阴影）

（5）把“对比度”数值设置为 19，增加视频画面的对比度，使画面明暗对比更明显，加大反差。

（调整对比度）

（6）把“色温”数值设置为 -21，让画面回归当时场景应有的色彩，使色温偏冷。

（调整色温）

（7）把“色调”数值设置为 -17，使色调偏青。

（调整色调）

（8）把“饱和度”数值设置为 7，增加画面的饱和度，使画面整体色彩更鲜明。

（调整饱和度）

（9）操作完成后，基础调整完成，一般作品到这一步就可以完成调色并导出成片了。

（基础调整完成）

4.13.2 突出主体

该如何突出主体？要点就是选择和调节。下面对这两个要点进行详细介绍。

❶ 如何选择？

利用蒙板或抠图等工具，分别找出需要突出的主体部分和陪衬部分，把它们区分出来，就完成了选择的任务。接下来就是利用“调节”工具中的明度、饱和度等，保留或加强主体部分的色彩，去除或减弱陪衬部分的色彩。

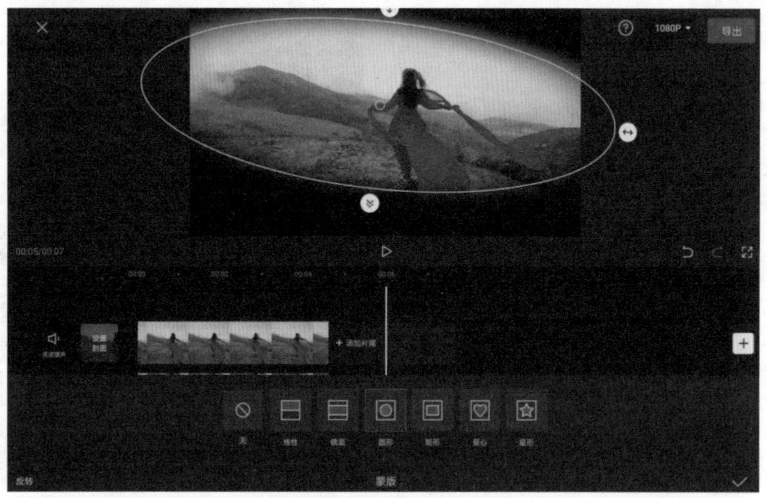

（利用蒙版工具来选择）

以上一小节基础调整完成的视频素材为例进行演示。先进行选择，通过分析整个画面，除颜色上的对比能让观众看出主体外，从细节上来看，画面的层次感还不够强烈。

从细节上去观察，找出以下 4 个问题。

（1）远处的云层和山的细节不够明显。

（2）虽然整体饱和度增高，景色的饱和度达到了理想效果，但是角色的衣服又显得过于饱和。

（3）角色衣服的细节不太明显。

（4）前景的枯草影响了画面焦点。

（观察画面总结问题）

❷ 如何调节？

针对上述问题，该如何正确调节呢？下面分别进行详细讲解。

问题 1“远处的云层和山的细节不够明显”解决方案如下。

（1）将主视频素材复制一段副本，切到画中画，在时间线上进行对齐。

（复制主视频）

（2）利用蒙版“镜面”工具，把远处云层和山脉单独区分开来，适当添加一点羽化效果，并调整角度。

（分离云层与山脉）

（3）利用“调节”工具，加强对比度并增加光感，细节就出来了。

（利用“调节”工具调节）

问题 2“角色衣服的饱和度过高”解决方案如下。

（1）将主视频素材复制一段副本，重置调节参数并调整饱和度，这样抠图后的人像边缘更加柔和一些。

（复制主视频）

（2）点击“智能抠像”图标，把人物元素单独提取出来。

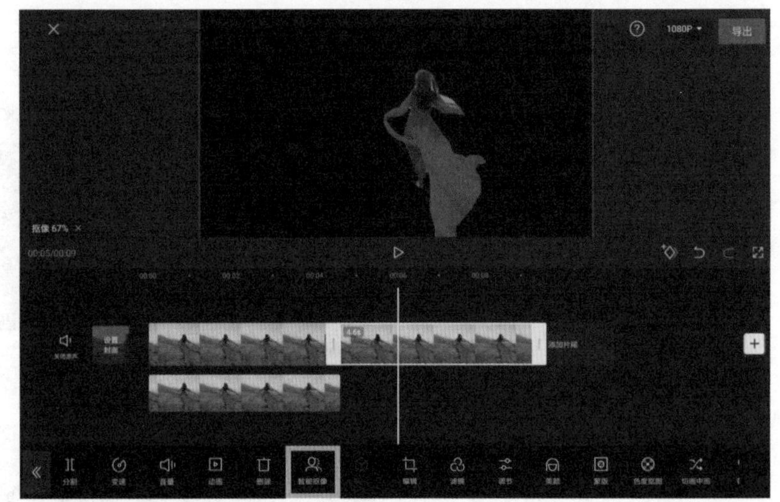

（提取人像）

（3）切到画中画，长按提取素材片段并拖动到画中画的第二层，把该层在时间线上与上面的素材层进行对齐。

（调整层级关系）

（4）把“饱和度”数值设置为 -15，角色衣服的饱和度就降下来了。

（调整饱和度）

问题 3“角色衣服的细节不太明显”解决方案如下。

（1）将调节人物饱和度的图层复制一层，并向下拖动，移到画中画的第三层。

（调整层级关系）

（2）进入混合模式操作界面，选择“正片叠底”选项，可以看到细节出来了。

（调整混合模式）

（3）如果混合模式的强度过高，那么可以适当降低强度，调整好细节直至达到效果。

（调整混合强度）

问题 4“前景的枯草影响了画面焦点”解决方案如下。

（1）将主视频素材重新复制一段副本，重置调节参数，切到画中画，把素材在时间线上进行对齐。

（复制主视频）

（2）利用蒙版“圆形”工具，把前景的枯草单独区分出来，略微增加一点羽化效果，并调整角度。

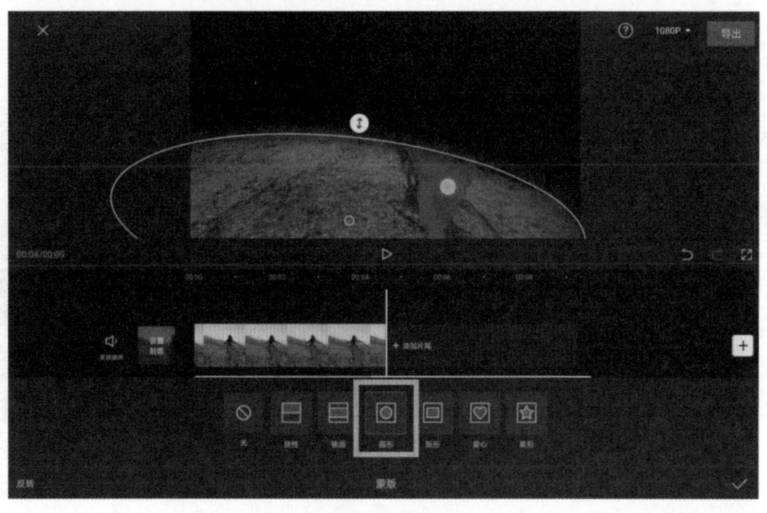

（将前景分离）

（3）利用“调节”工具，加强对比度，降低亮度，略微增加一点光感效果。把色温向冷色加强；把色调向绿色加强，这样枯草看起来就没有那么枯黄了。

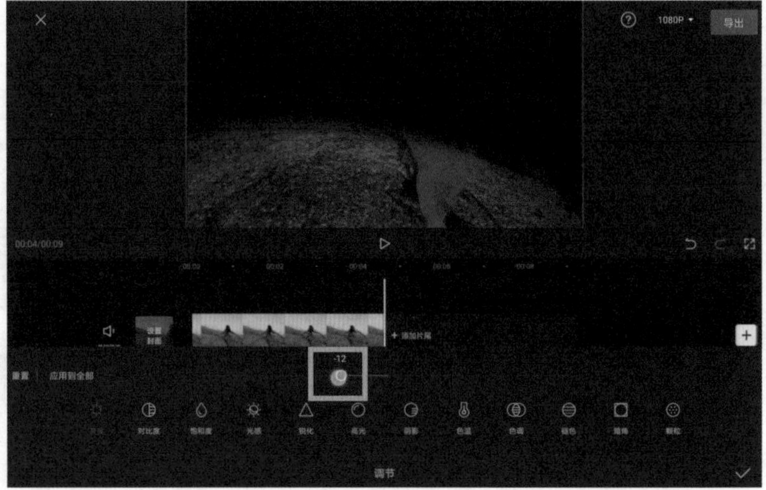

（调整亮度）

（4）因为角色的衣服会影响远处的山和云，所以需要调整枯草的层级，这里将它放到第一层级即可。

（调整层级关系）

（5）接下来解决焦点的问题。将刚才的枯草层复制一份出来，将层级设置为第二层，因为需要利用这一层素材来做一点模糊效果，模拟摄像机镜头的景深效果，所以还要调整一下蒙版。

（复制枯草层）

（6）为了便于观察，先将蒙版在时间线上与其他层错开，滑动时间线观看。

（观看效果）

（7）选择“圆形”蒙版工具，调到需要的范围，然后与其他层级对齐。这里需要记住画中画的层级。

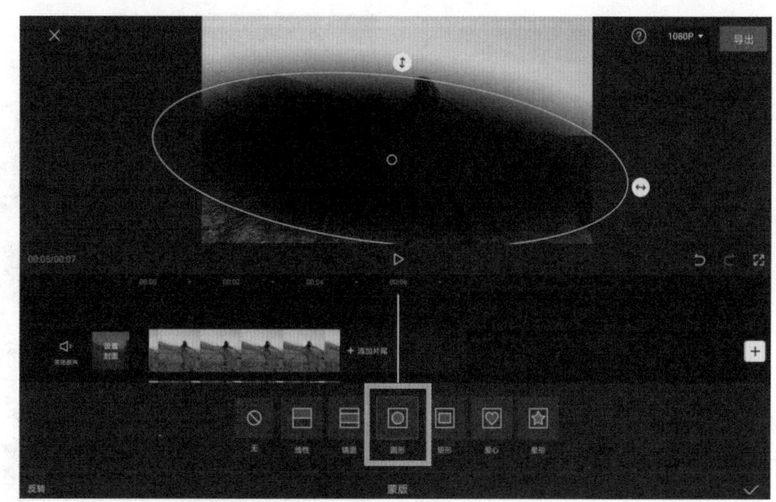

（选择蒙版工具）

（8）返回到剪辑界面，找到“特效”工具，点击“基础”选项，找到氛围中的“模糊”效果。

（添加模糊效果）

一般默认是作用于主视频，这里需要调整下方作用对象，选择第二层画中画素材，把时间长度调成一样，效果就出来了。

（调整层级关系并对齐）

（9）操作完成后会发现效果范围有些过大，再去画中画中调整蒙版的羽化效果，这样焦点的影响也排除了，整体效果就好了很多。

（添加羽化效果）

（10）返回到剪辑界面，重新观看画面效果已经好很多了。如果不满意，那么还可以新增调节层，继续对整体效果进行适当的调整。

（观看是否需要再次调整）

在剪映调色过程中，一般色彩调到本案例效果就算完成了。但是有时想让视频更加个性化一些，可以根据影片想要表达的情绪，在剪映的“滤镜”功能中找到合适的滤镜效果，并适当调整强度，也可以做出有个性的色彩风格的视频。

（添加风格滤镜）

4.14 航拍视频剪辑训练

（手机微信扫码观看相关视频教程）

了解视频剪辑的流程，能提高飞手的作品创作效率。关于剪辑的流程，一般分为 6 个步骤，即素材整理、素材筛选、素材粗剪、素材精剪、视频调色、视频导出。本节还是以剪映软件为例进行演示，带大家进行剪辑实战训练。

4.14.1 素材整理

素材拍完后，分类整理好，这样能使我们后续的工作更加顺畅。这里以一部茶叶的短视频宣传片为例进行演示，使用的软件是剪映手机版，演示工具是HUAWEI MatePad Pro。

（1）先建立项目总文件夹，命名为项目的总名称，如 0505 水城春项目工程。建议在名称前加上日期，便于后续素材的管理。

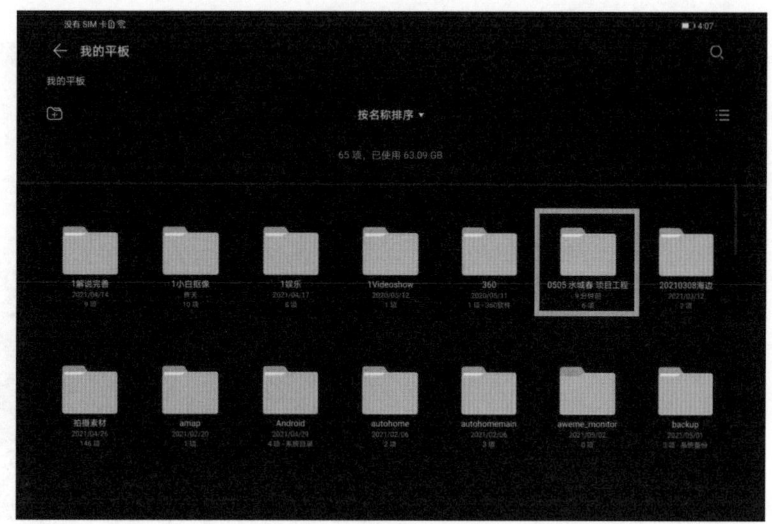

（建立项目总文件夹）

（2）进入文件夹，根据素材的类型重新建立相应的文件夹，如包装、镜头、色度抠图水墨、文稿、音乐、音效等，并将有关素材放在对应的文件夹中。

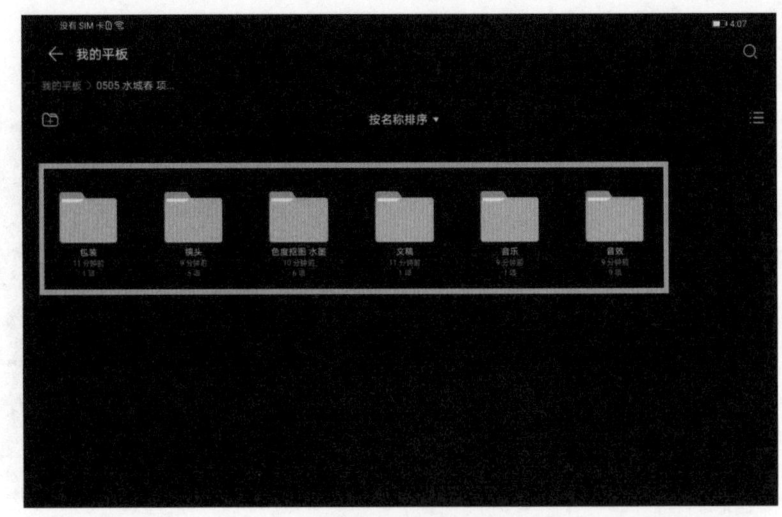

（建立相应的文件夹）

（3）在素材的整理过程中，航拍或手持拍摄的素材是比较多的，可以根据场景、景别、时长、使用的拍摄器材型号等，把素材分为若干文件夹整理好，如茶园航拍 ARI、人物采茶 P40、室内摆拍 P40 等。

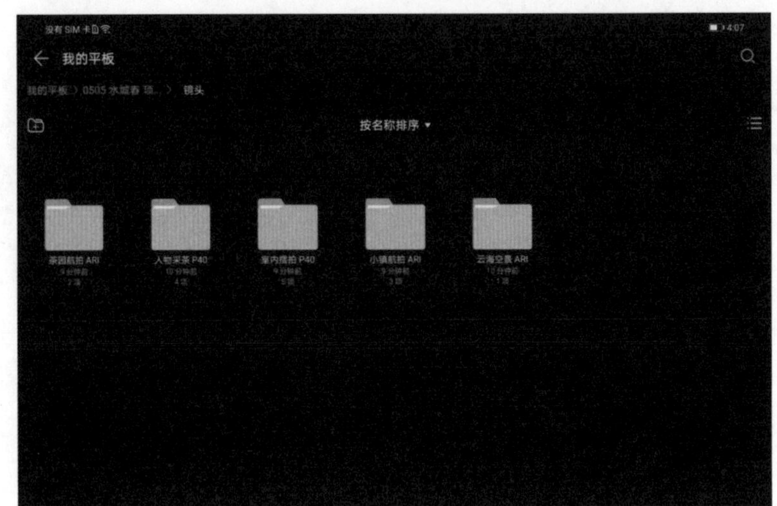

（整理拍摄的素材）

4.14.2 素材筛选

整理好素材后，回放素材内容并进行筛选。在这个过程中，可以给素材加上注释或标记，以免误删或忽略合适的素材。其次，这种纵观总体素材的方法还可以帮助我们理清剪辑思路，也会带来更多的剪辑灵感和想法。

（1）将拍好的素材导入播放器，播放观看。

（观看筛选素材）

（2）在观看时，记得将拍得好的素材片段重新标记命名，如小镇 01、小镇 02、小镇 03 等，以便后期选用。

（标记命名素材）

4.14.3 素材粗剪

（1）将筛选后的素材按相应的文件夹导入剪辑软件，如果之前有写好分镜表，那么也可以按照分镜表的顺序导入素材。

（导入筛选好的素材）

（2）根据情节、节奏、情绪的变化等因素，粗略地将镜头按逻辑顺序前后摆放，把素材串联起来。

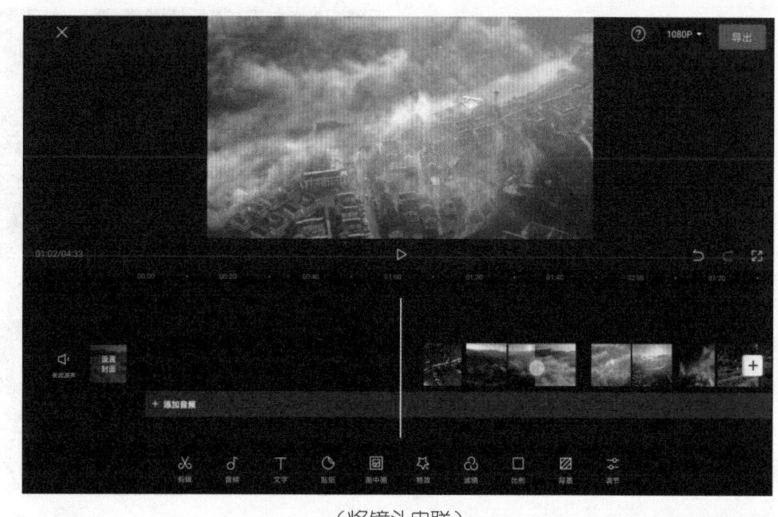

（将镜头串联）

（3）根据视频的整体感觉，找到合适的音乐素材并添加使用。

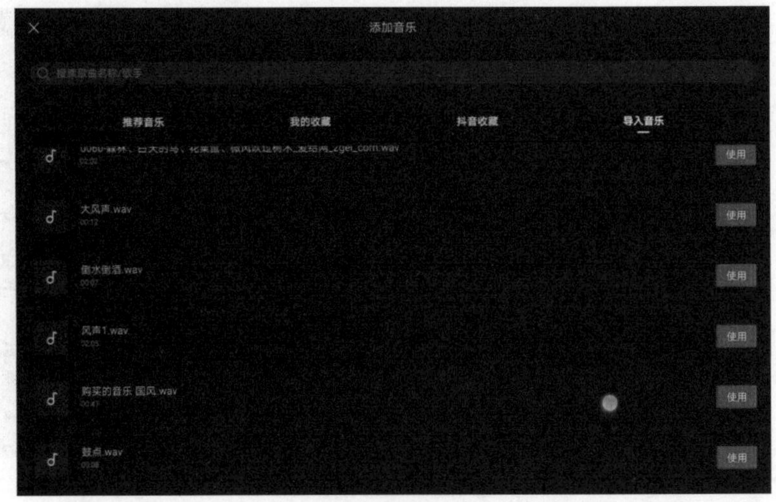

（找到合适的音乐）

4.14.4 素材精剪

（1）依次调整每段素材的时长，这里拖动素材首尾两端的按钮可以调整时长。在选中素材图层的状态下，点击“编辑”“裁剪”图标调整素材的构图；使用“变速”工具调整素材的播放速度。

（调整素材的时长 / 构图 / 播放速度）

（2）点击素材之间的白色方块按钮，找到合适的转场效果，如“基础转场”中的“叠化”效果，这里还可以调整转场时长或应用到全部，调整好后点击右下角的“完成”图标。

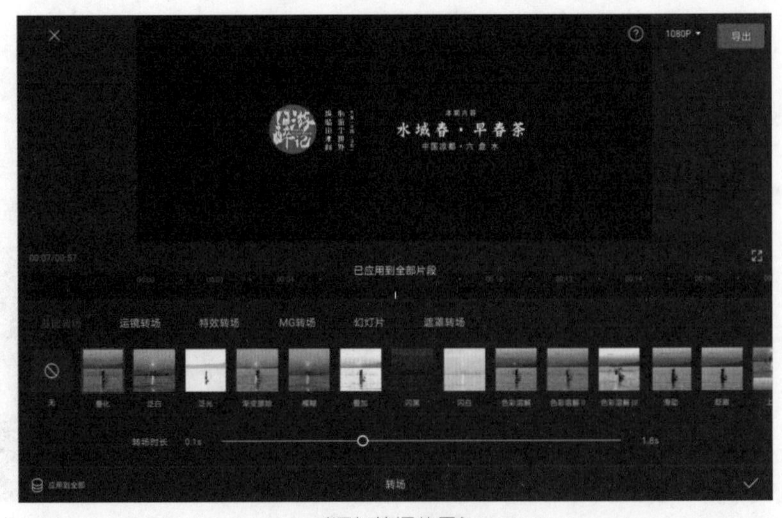

（添加转场效果）

（3）音频素材的调整。使用“音频”工具对选好的音乐或声音素材进行时间长短、音量大小、摆放位置的处理。

（音频处理）

4.14.5 视频调色

调色是影片的重要一环，手机制片的调色目前还是比较简单的，具体的知识点在 4.13 节中就讲过了，大家可以根据需要选择用基础调整或突出主体调整，这里不再重复讲解。

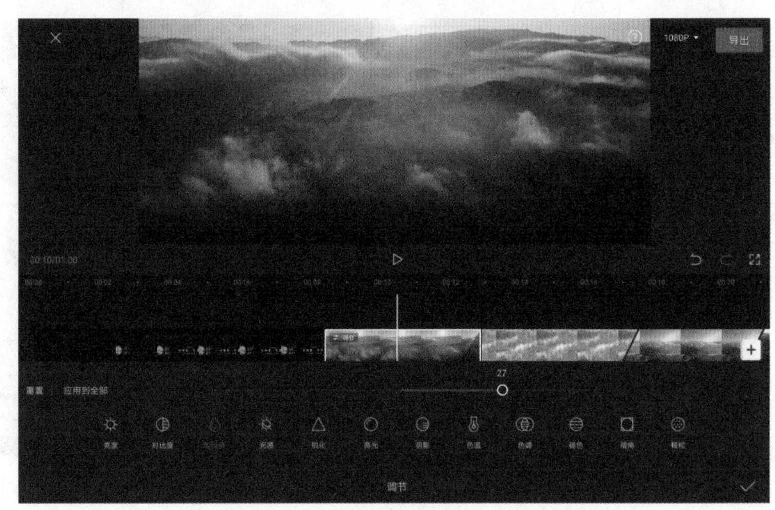

（视频调色）

4.14.6 视频导出

在不断地预览再修改后，进入最后一步，即生成视频作品。下面是视频导出的具体操作步骤和方法。

（1）在剪辑软件中点击“播放”按钮预览制作完成的工程文件，确认镜头串联、色彩、字幕、音乐等都已达到自己的需求。

（效果确认）

（2）在手机版剪映操作界面的右上方，根据需要选择合适的分辨率，如1080p，这里的帧率一般保持默认30即可。

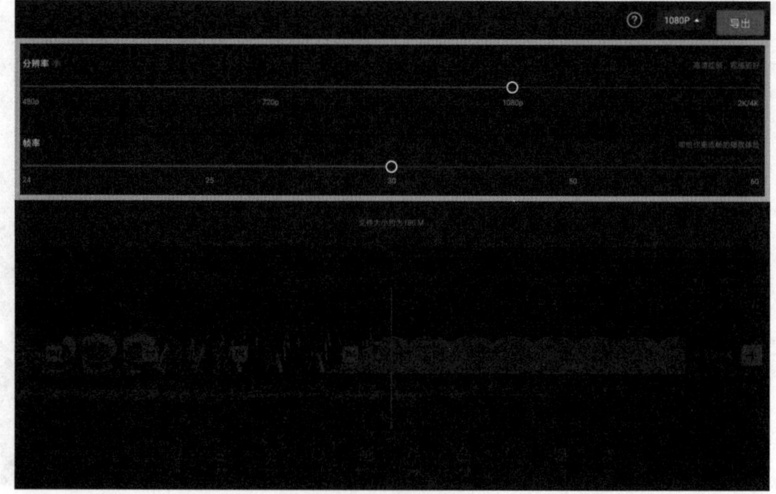

（设置分辨率和帧率）

（3）操作完成后，点击“导出”按钮，完成视频作品的导出。

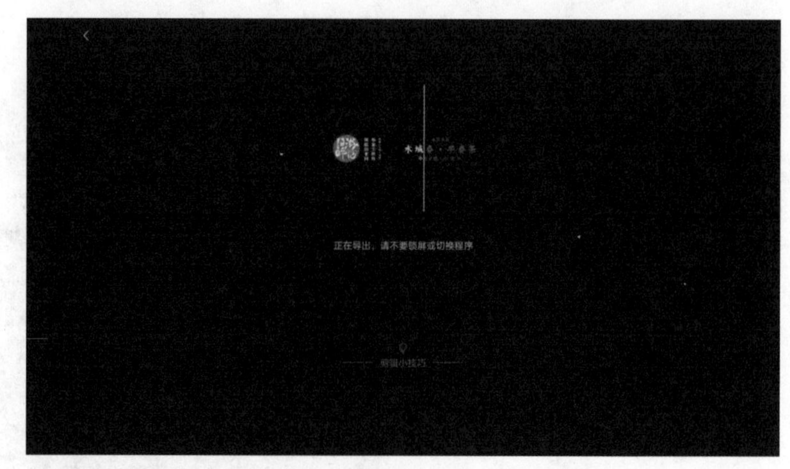

（视频导出）

4.15 航拍视频拆片提升

（手机微信扫码观看相关视频教程）

拆片就是把喜欢的优秀作品拆开来分析，思考它为什么这么好看？然后学习借鉴拍摄或剪辑方法，便于后期运用到自己的作品中。

（1）制作拆片分析表格。建议大家参考右图去制作。

拆分片名：水城春早春茶

镜头	场景	景别	视角	转场	时长	画面传递信息、人物情绪等

（拆片表参考）

（2）将喜欢的航拍作品导入剪映软件，然后将影片中的每个镜头分割开，将镜头按组归类。

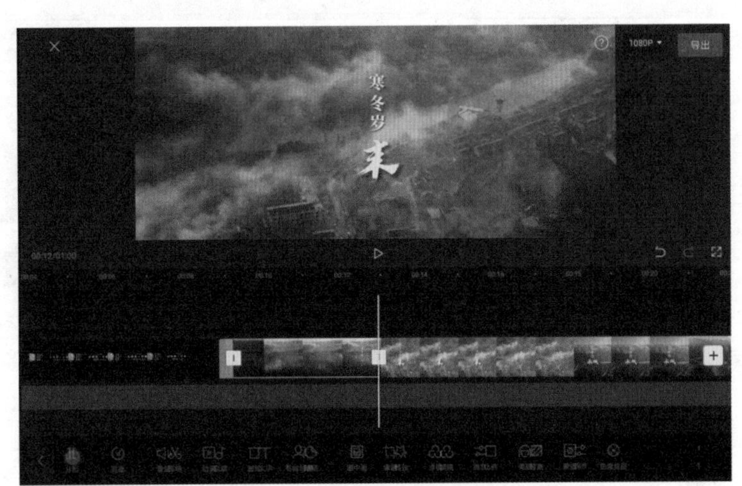

（按组归类）

（3）把作品中的旁白或文案写出来，相应的画面也截取出来，包括它的场景、景别、视角、转场、时长、情绪变化等相关内容。

拆分片名：水城春早春茶

镜头	场景	景别	视角	转场	时长	画面传递信息、人物情绪等
1-1		特效 开场		渐显	4s	交待片名
2-1		小镇 航拍 远景	平视	淡化	2s	向观众交待总体大环境
2-2		小镇 航拍 中景	俯视	淡化	3s	出现文字内容 交待季节 云雾缭绕 预示着春天已经到来

（填写相关内容）

（4）当你填完的时候，你会发现视频作者的创作思路，从中了解作者表现画面、文字或剧本关系的方法，以及处理角色的心理与面部情绪的方法。以这样的方式去拆解自己喜欢的视频作品，相当于从创作者的角度去观看这部短片，而不是单纯地从观众的角度去观看、欣赏或感受。

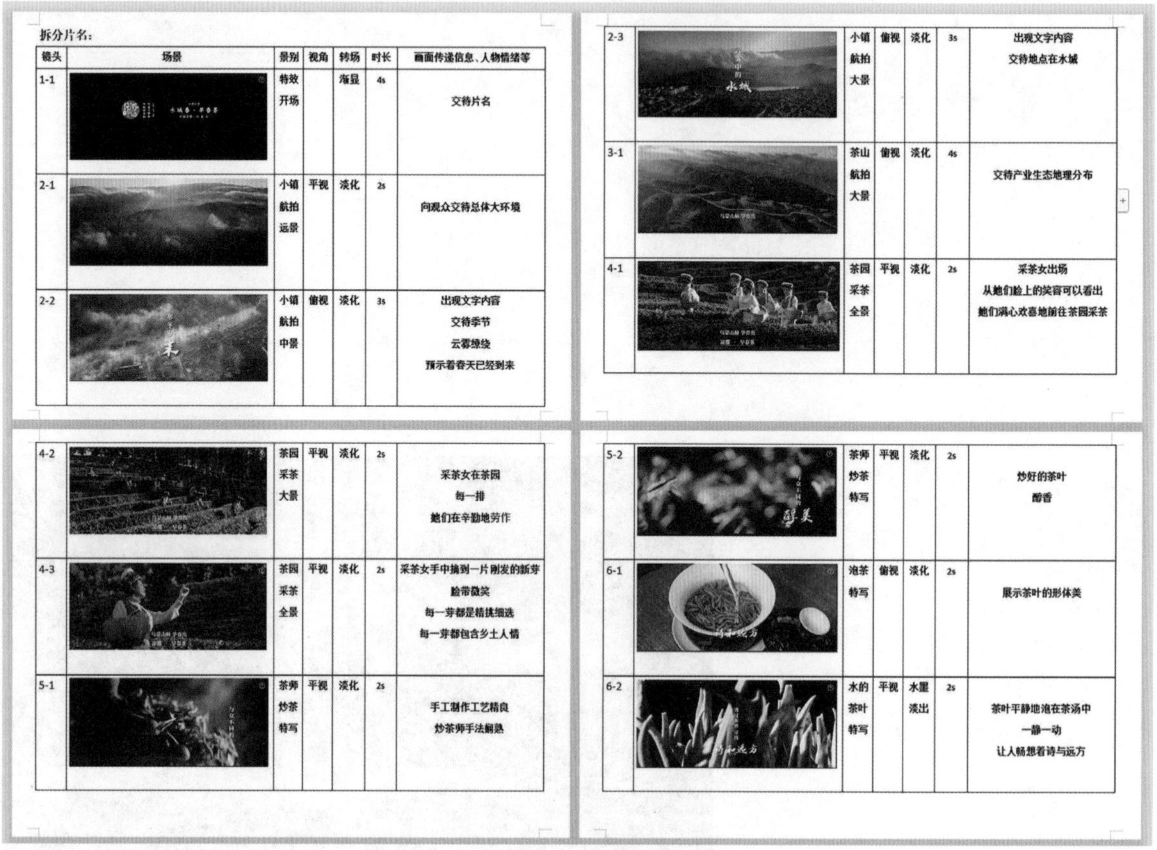

拆分片名：

镜头	场景	景别	视角	转场	时长	画面传递信息、人物情绪等
1-1		特效开场		渐显	4s	交待片名
2-1		小镇航拍远景	平视	淡化	2s	向观众交待总体大环境
2-2		小镇航拍中景	俯视	淡化	3s	出现文字内容 交待季节 云雾缭绕 预示着春天已经到来
2-3		小镇航拍大景	俯视	淡化	3s	出现文字内容 交待地点在水城
3-1		茶山航拍大景	俯视	淡化	4s	交待产业生态地理分布
4-1		茶园采茶全景	平视	淡化	2s	采茶女出场 从她们脸上的笑容可以看出 她们满心欢喜地前往茶园采茶
4-2		茶园采茶大景	平视	淡化	2s	采茶女在茶园 每一排 她们在辛勤地劳作
4-3		茶园采茶全景	平视	淡化	2s	采茶女手中摘到一片刚发的新芽 脸带微笑 每一芽都是精挑细选 每一芽都包含乡土人情
5-1		茶师炒茶特写	平视	淡化	2s	手工制作工艺精良 炒茶师手法娴熟
5-2		茶师炒茶特写	平视	淡化	2s	炒好的茶叶 醇香
6-1		泡茶特写	俯视	淡化	2s	展示茶叶的形体美
6-2		水的茶叶特写	平视	水墨淡出	2s	茶叶平静地泡在茶汤中 一静一动 让人畅想着诗与远方

（分析视频内容）

刚开始拆片时，可以以表格的形式去分析，后面拆片到一定程度，熟练掌握这个思路之后，在不用表格的情况下也能完成拆片，这是一种提高自己视频创作能力的方式。建议大家有时间的话可以多尝试几次，相信你会找到属于自己的影片创作思路。

5 风险防范篇：无人机航拍风险防范

飞手想要玩转航拍无人机，除了会飞行操作、拍摄、后期制作，还得了解飞行过程中存在的风险。本章主要介绍航拍无人机的风险防范知识。

5.1 飞行环境的风险防范

（手机微信扫码观看相关视频教程）

飞手在航拍飞行时，在不同的环境下需要应对不同的风险。本节以 DJI Mavic 3 机型为例进行演示，介绍常见的风险环境下，飞手在飞行时应如何进行风险防范。

5.1.1 拍人注意事项

航拍无人机在进行人物拍摄时，往往需要面临人员密集的情况。

（1）新手尽量不要在人群较多的地方飞行，以免造成第三者损失（其他无关人员受伤等情况）。当飞手（尤其是新手）过于紧张时，双手控制方向的时候就容易出错。

（别在人群多的地方起飞）

（2）新手在练习飞行技术的时候，尽量寻找空旷的场地，等自己的飞行技术达到一定水平，再去挑战难度高一点的航拍环境。

（找空旷的场地起飞）

（3）就算飞手有把握掌控航拍无人机，在航拍人物甚至是人群时，依然建议把安全保护罩装上，这是航拍飞行的基本要求。

（装上安全保护罩）

（4）如果航拍无人机能调节焦段，那么在不影响画质的前提下，建议使用倍数较高的近焦段来进行拍摄。这样可以让航拍无人机保持与人群的距离，保障飞手和他人的安全。

（用近焦段拍人）

5.1.2 夜间飞行注意事项

飞手使用航拍无人机时，即使有避障功能，也不能保障万无一失。由于夜间视线受阻，可能会导致航拍无人机的避障功能失效，这时往往只能通过图传屏幕来判断航拍无人机四周的环境，大概率会因为视线不佳而导致航拍无人机撞上电线或树枝等障碍物。

（1）飞手在飞行时，需要开启“打开无人机的指示灯”功能，使航拍无人机的臂灯能在夜空中闪烁，便于飞手时刻看到航拍无人机的位置。

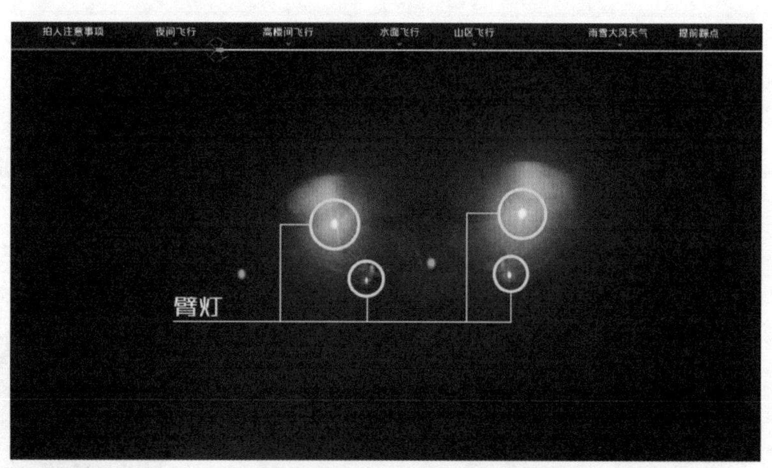

（开启“打开无人机的指示灯”功能）

（2）飞手结合 App 地图功能，也可以知道航拍无人机的位置。飞手在飞行时要时刻注意 GPS 与遥控器信号，如果发现信号减弱，就要及时调整航拍无人机飞行的位置，保持良好的信号状态飞行。

（注意观察图传信息）

5.1.3 城市高楼之间飞行注意事项

飞手在城市高楼之间进行无人机航拍的时候，要确保航拍无人机在自己的视线范围内飞行。

（1）航拍无人机在飞行时，很多情况和环境因素都是难以预测的，高楼间的建筑材料及通信设备，都很容易影响航拍无人机的信号和指南针工作状态。很多时候，飞手沉迷航拍风景，让航拍无人机在高楼之间穿梭，稍不注意就会进入视野盲区。如果经验不足，那么航拍无人机就容易发生炸机的情况。

（2）即使有 4G 增强图传模块的存在，也不能确保航拍无人机万无一失。首先，针对消费级航拍无人机，4G 增强图传模块目前支持的机型较少，飞手的航拍无人机不一定能使用。其次，航拍无人机在飞行过程中，模块在切换基站接收信号时，会有一定的图传卡顿或延迟。即使有模块，飞手也得在飞行时提前避让障碍物。

（高楼之间飞行要谨慎）

（安装 4G 模块）

5.1.4 水面飞行注意事项

当飞手让航拍无人机沿着水面飞行时，气压计会受到干扰，无法精确定位高度，从而产生掉高现象，导致航拍无人机越飞越低，很容易掉进水中。如果飞手一定要贴在水面飞行，那么需要实时留意航拍无人机的水平高度。

（水面飞行要谨慎）

5.1.5 山区飞行注意事项

飞手使用航拍无人机在山区飞行时，相较于其他飞行环境，航拍无人机面临的风险更大，因为环境和天气都更复杂。

（1）飞手使用航拍无人机在山区飞行时，如果起飞时上方有很多树木遮挡物，或者贴着陡崖及峡谷飞行，那么就会影响 GPS 信号的稳定性，让航拍无人机面临飞丢和炸机的风险。

（山区飞行要谨慎）

（2）山区的天气也不太稳定，比如云贵高原就流传着“十里不同天”的说法。很多时候，飞手会遇到航拍无人机起飞时是一种天气，飞出两公里之后又是另外一种天气的情况。在海拔比较高的山区，甚至经常下雨、下冰雹，气流变化也比较大，航拍无人机在上升、下降时都会出现摇晃。

（留意山区天气变化）

飞手在飞行前一定要看天上的云层变化，提前勘查好天气。如果在飞行过程中遇到恶劣的环境和天气，那么应该尽快返航并收纳好航拍无人机。如果将航拍无人机飞到山背，那么很容易造成失联。更有甚者，如果没有提前设置返航高度或高度不准确，那么航拍无人机回不来，就只有空手而归了。

5.1.6 雨雪 / 大风天气飞行注意事项

从气象报告来说，如果室外风速达到 5 级以上，那么就是大风了。当然，飞手也可以通过花草树木来观察风速，如果这些植物被风刮得摇摆晃动，那么说明风速很快，强行起飞，航拍无人机的飞行会非常困难。航拍无人机在飞行过程中，如果风速突然增加，那么航拍无人机会发出提示，这时就需要尽快降低高度，提前返航。另外，大雨、大雪、雷电等天气，都不建议进行航拍无人机飞行。

关于冬季航拍的飞行经验，大家可以用手机扫描右侧的二维码观看学习。

（冬季航拍的飞行经验）

（要注意雨雪 / 大风天气）

5.1.7 提前踩点的重要性

飞手一定要养成提前踩点的好习惯，务必提前考察好航拍无人机飞行路线的环境，提前熟悉飞行轨迹，避免意外发生。值得一提的是，火车、高铁、汽车站和机场周围，以及政府机关、军事设施、边境等一些管制区是不能飞行的。

5.2 起飞时的风险防范

（手机微信扫码观看相关视频教程）

飞手刚开始玩航拍无人机时，容易因起飞前的不规范操作导致起飞时炸机事故的发生。本节着重介绍起飞时常见的风险，以及相关的防范知识。

5.2.1 摆放方向不对

飞手在飞行训练中，无论是起飞还是降落，都要将航拍无人机的机尾始终朝向自己。当机尾朝向自己时，飞手打杆方向与航拍无人机方向一致，便于分清方向，更好操作。反之，如果打杆操作的方向是反的，那么飞手可能反应不过来，习惯性地打反，遇到突发情况就很危险了。

（起飞、降落机尾要朝向自己）

5.2.2 起飞面不平整

（1）航拍无人机的起飞面一定要平整，否则容易倾斜侧翻。

（起飞面一定要平整）

（2）不能在草丛及灰尘颗粒较多的地面起飞或降落，这对航拍无人机的桨叶和电机的伤害很大，甚至会影响航拍无人机的飞行稳定性。有条件的飞手，建议配备一个停机坪。

（建议铺设停机坪）

5.2.3 指南针异常

金属元素特别集中的建筑，如电网电塔、信号塔、钢结构大桥等，或者矿物质储量丰富的山体地面，对航拍无人机的指南针磁场干扰很大。这些情况下，飞手校准指南针是没用的，建议更换起飞位置。

导致指南针异常的因素：

金属元素特别集中的建筑或矿物质储量丰富的山体地面

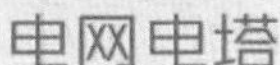

信号塔

钢结构大桥

工业厂区

基站塔

（导致指南针异常的因素）

5.3 飞行过程中的风险防范

（手机微信扫码观看相关视频教程）

完成起飞后，就需要关注飞行过程中那些常见的风险和防范措施了。本节针对航拍飞行过程中应该注意的一些风险进行介绍。

5.3.1 飞行时留意电量

（飞行时留意电量）

航拍无人机在航拍飞行过程中耗电很快，尤其是冬天。以大疆航拍无人机为例，航拍无人机一般在出售时都会标有飞行时长，但飞手要注意，那是在无风环境下测出来的结果。航拍无人机在实际飞行过程中，不可能没有风力和气流等影响，当航拍无人机受到这些影响时，需要输出更多的动力来与之抗衡，从而维持相对稳定的飞行姿态。

因此，实际飞行时长只会更短，建议在飞行过程中一定要时刻注意电量，特别是超视距飞行。

5.3.2 飞行时考虑风的影响

飞手在航拍飞行时，可能会遇到航拍无人机飞出去轻松，飞回来吃力的情况，这是因为风向在影响着航拍无人机的飞行。

（1）如果航拍无人机飞出时是顺风，那么就会飞得很快。因为不用考虑风的阻力，反而能借助风速飞得很远。

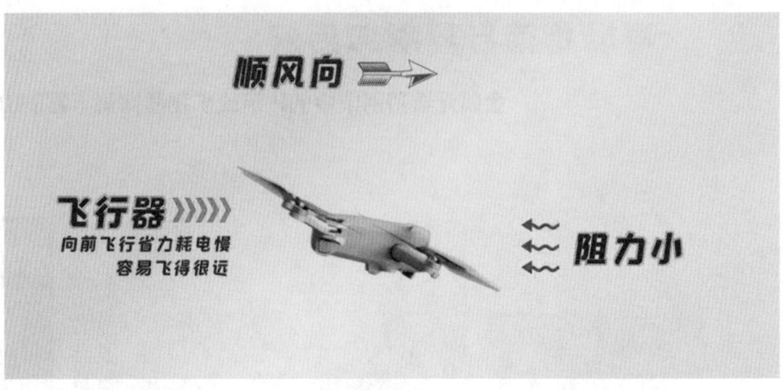

（顺风飞行快）

（2）航拍无人机飞出时是顺风的话，返航时一般就是逆风飞行了，空气阻力将与风速成正比。风速越大，阻力越大，航拍无人机要输出更大的动力去抵消风力的影响才能前行，随之而来的问题就是“航拍无人机耗电很快”。

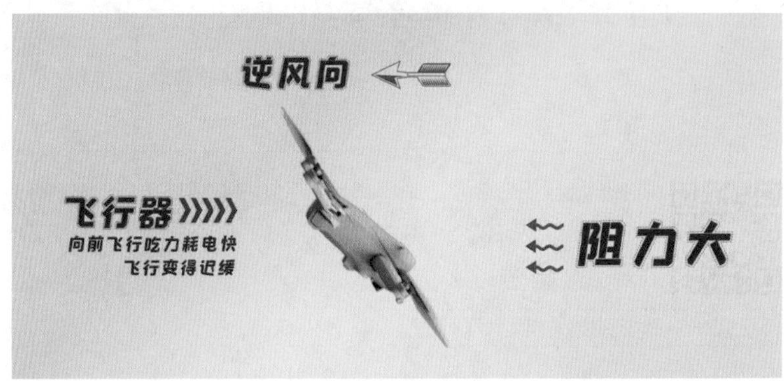

（逆风飞行慢）

（3）在风速较大的环境中，该如何返航呢？建议飞手不要依赖常规30%的电量提示来返航，而应该在50%电量时就主动返航。

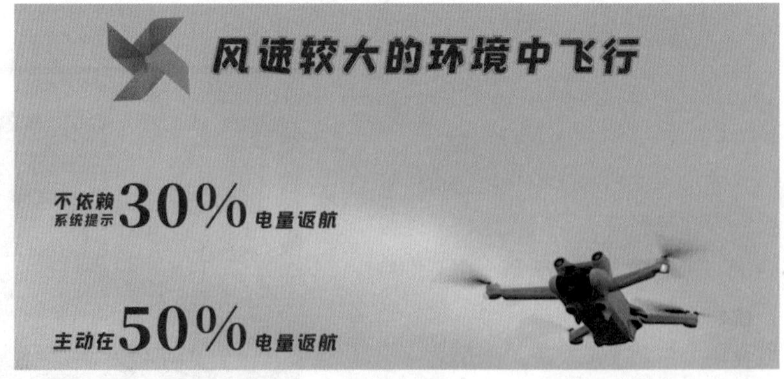

（返航电量）

提示：如果风速过大，超过了航拍无人机的抗风级别，就不要飞行了。

5.3.3 定期校准遥控器

建议飞手们定期校准遥控器。需要一个月校准一次遥控器，或者在航拍无人机发出校准提示后及时校准。遥控器毕竟是电子产品，在长期使用过程中会发生杆量偏移等现象。如果没有及时校准，那么下次起飞时，航拍无人机很可能向未知的方向飞，严重时直接导致炸机风险。

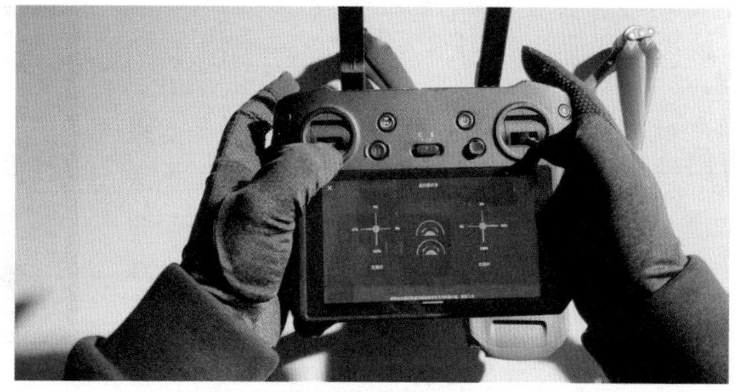

（定期校准遥控器）

5.3.4 远离放风筝的人群

人们通常都会把风筝飞得很高，航拍无人机最怕的就是风筝线，建议远离放风筝的人群。因为飞手们往往很难在镜头中看清楚那根细线，如果撞上风筝细线，那么会直接锁死电机，从而导致炸机风险。

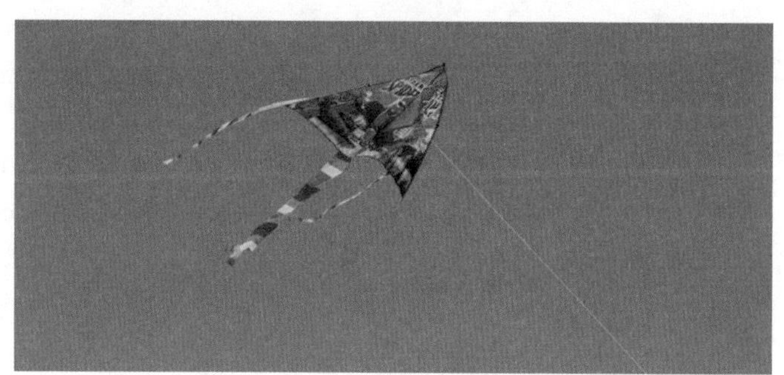

（飞行时注意风筝线）

5.4 飞行返航降落时的风险防范

（手机微信扫码观看相关视频教程）

飞手在飞行结束后，可能由于操作不规范而导致炸机事故发生，功亏一篑。本节针对需要关注的航拍无人机返航降落时常见的风险和防范措施进行讲解。

5.4.1 降落时地面不平整

如果航拍无人机降落在不平整的地面，并且环境中稍有点风的话，那么很容易发生侧翻，侧翻对航拍无人机的桨叶损伤很大。

（降落时地面不平整容易发生侧翻）

5.4.2 降落时打杆力度过大

航拍无人机在下降时，飞手要时刻注意姿态球的偏移状态。如果风速不大，那么可以适当加速降落；如果风速过大，那么在下降时不宜把下降油门杆量打得过大，否则航拍无人机的动力会过度减弱，可能突然产生剧烈的晃动，从而导致侧翻炸机风险。

（注意姿态球的偏移状态）

5.4.3 降落时不留意下方情况

飞手操控航拍无人机下降时，务必将镜头朝下，先观察下方的降落情况。下降时，建议飞手将镜头垂直朝下，避免在下降过程中撞上树枝等障碍物。下降到 5m 左右时，记得将航拍无人机的相机云台回中，不要让地面物体对着镜头的正面，造成不必要的损伤。

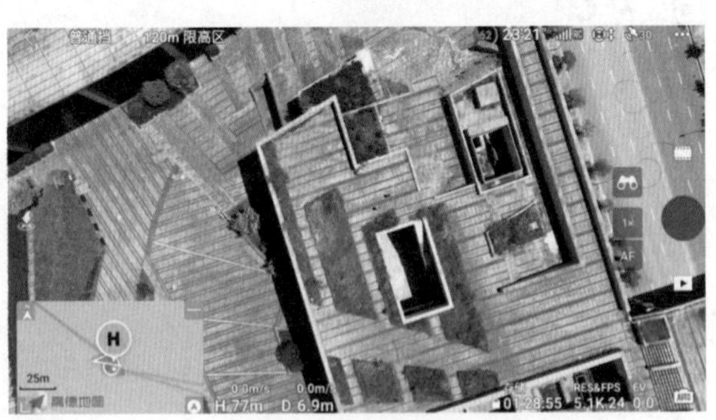
（降落时注意下方情况）

6 应急处理篇：飞行突发事件应急处理

即使是经验丰富的飞手，就算做好了万全的准备，在飞行过程中也很难保证万无一失。航拍无人机在飞行过程中，难免会有遭遇猛禽攻击、强制进入姿态模式、图传信号丢失甚至失联等紧急情况。本章主要介绍遇到这些紧急情况应该怎样应对处理。

6.1 飞行时突然遇到猛禽

（手机微信扫码观看相关视频教程）

飞手在航拍飞行的时候，天空中出现的不仅有其他航拍无人机或飞机，还有各种鸟类。一般体型小的鸟类还好，如果遇见大型鸟类，那么就得格外注意了。

6.1.1 温顺类的鸟

温顺类的鸟，常见的有鸽子、海鸥、白鹭等。

（温顺类的鸟）

鸟类一般不会主动攻击航拍无人机，但是它们会好奇，喜欢围绕着航拍无人机转，特别是鸽子容易成群结队出现在航拍无人机周围。

应急办法是遇见这些低空飞行的鸟类时不要紧张，慢慢地将航拍无人机升高，它们就不会追过来了。

（好奇的鸟围绕航拍无人机转圈）

6.1.2 猛禽类的鸟

一般性情凶猛的鸟类领地意识很强，如果航拍无人机进入它们的领地，那么它们就会突然飞出来，在航拍无人机周围转圈，以此发出警告。

（猛禽在空中转圈警告）

飞手如果无视它们的警告且不尽快返航，那么它们就会做出从下方攻击航拍无人机的行为，容易使航拍无人机失控或炸机。

应急办法是尽快将航拍无人机升高，最好能够快速返航。

（猛禽正对航拍无人机发起攻击）

（手机微信扫码观看相关视频教程）

6.2 飞行时突然进入姿态模式

航拍无人机的姿态模式通常在没有 GPS 信号或信号较弱的时候出现，有的机型屏幕上还会提示“请移动航拍无人机、校准指南针或指南针状态异常”等信息。

一般在狭小的峡谷、桥底、隧道、室内等环境，航拍无人机容易出现姿态模式。

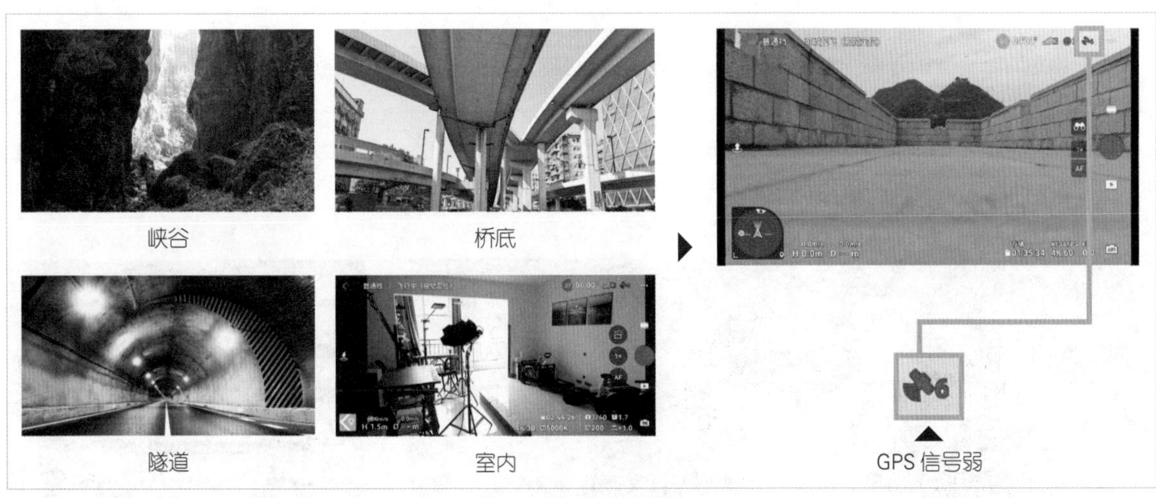

（容易出现姿态模式的地方）

当进入姿态模式时，航拍无人机会发生一定漂移，不会自主悬停。这时应急办法有两个要点。

第一，不要慌张，轻微调整摇杆，以保持航拍无人机的飞行稳定，控制航拍无人机驶出干扰区域或返航。

第二，如果实在控制不了航拍无人机，那么尽快按下录制键，就近选择相对安全的环境，将云台镜头朝下并及时将航拍无人机降落，避免出现炸机的情况。然后使用“找飞机”功能，通过查看飞行缓存记录，尽快找回航拍无人机。

（手机微信扫码观看相关视频教程）

6.3 飞行时遥控器或图传信号丢失

在飞行时，很多飞手都会遇到遥控器或图传信号丢失的问题。航拍无人机起飞前，飞手一定要做好准备工作，这样遇到问题才能从容应对，把损失降到最低。

6.3.1 飞行前的防范工作

飞行前的防范工作主要有以下 3 点。

（1）找到合适的起飞场地，保证 GPS 卫星信号良好，且返航点已刷新，使航拍无人机返航时能有效降落在返航点的位置。

（2）根据周围情况，提前将返航高度设置好，使航拍无人机返航途中不会遇见障碍物导致返航失败。

（3）在系统设置中，确保失联行为触发的是返航功能，使航拍无人机在发生失联的情况下能触发自主返航。

操作完成后，即便遥控器或图传信号丢失，航拍无人机通常也能触发智能返航。

6.3.2 设备自身温度影响

冬季气温低，设备过冷；夏季气温高，设备过烫。这些情况下飞行都会导致手机或遥控器屏幕过冷或过烫，从而导致 DJI Fly 闪退或移动端死机。

应急办法是在出现这样的情况时，先看遥控器上的指示灯，如果还是显示绿色，说明航拍无人机与遥控器是正确连接的，长按一下返航键就能智能返航。

（冬季气温影响）

（指示灯呈绿色，说明还在连接的状态）

如果遥控器上的指示灯显示红色或绿色闪烁，说明航拍无人机彻底失联。这种情况一般都是因为航拍无人机飞到盲区造成的，比如拍摄主体的背面或障碍物阻隔信号传输。只要做好飞行前的防范工作，航拍无人机就会自行返航到起飞的位置。

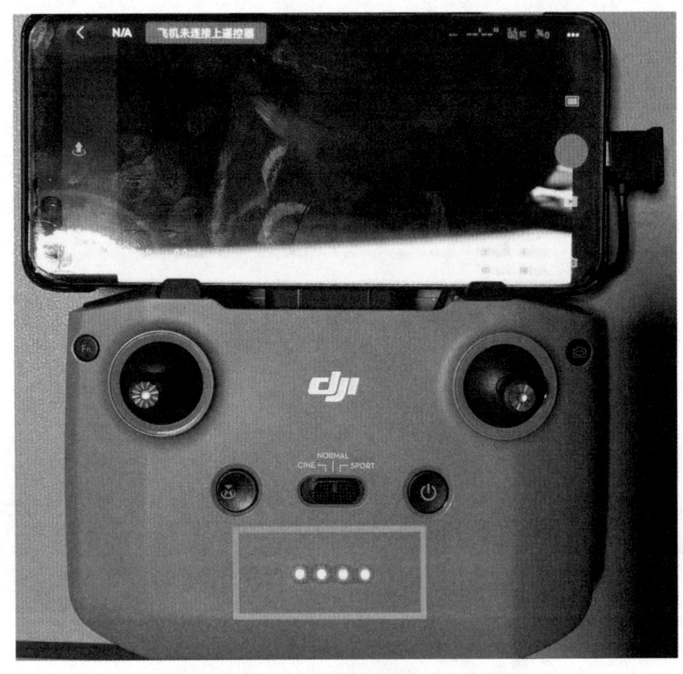

（指示灯呈红色，说明已经是失联的状态）

6.3.3 使用有故障的电池

在飞行前，注意检查电池是否有鼓包，使用有鼓包的电池会产生很大的安全隐患。因为有鼓包的电池会导致航拍无人机在飞行过程中出现虚电或突然断电等现象，从而让图传与信号都丢失，炸机后也很难找回。所以，如果电池有鼓包，建议立刻停止使用，发回厂家更换维修。

应急办法是开启数据流量或连接热点，启动“找飞机”功能，跟着导航找。

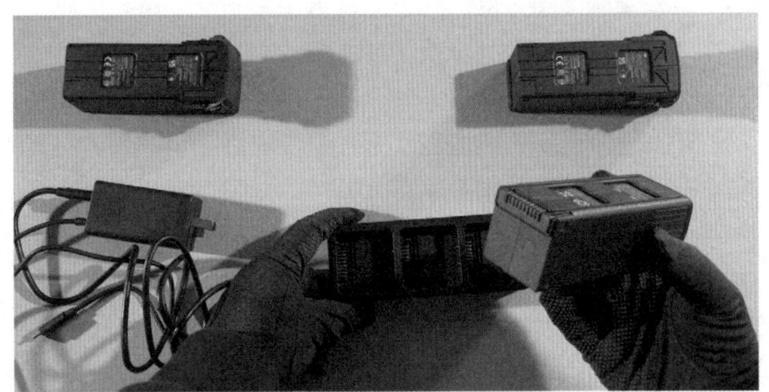

（飞行前注意检查电池的形状）

6.3.4 不慎飞到管制区

管制区主要是涉及某些机密和具有一定危险性的区域。如果航拍无人机不小心飞到了管制区，如一些游客特别密集的景区，执法人员一般会先找航拍无人机的持有者，然后走法定程序进行警告和处理。如果没有找到，执法人员会用反制枪，对航拍无人机信号发出干扰和警告，这时航拍无人机遥控器或图传信号会出现不稳定的情况，并显示信号干扰大。

（航拍无人机反制设备）

此时应赶紧飞回来降落，如果无视执法人员的警告继续飞行，执法人员就会用反制枪控制航拍无人机强制降落。

应急办法是尽快联系当地管理部门和执法人员协商解决。

飞行前考察清楚，如果是个人娱乐，就不要去管制区飞行；如果是工作需要，就去当地的相关管理部门登记报备后再飞行。

6.4 返航时电量不足

（手机微信扫码观看相关视频教程）

很多飞手飞行时容易入迷，不注意风力或电池的电量信息，导致航拍无人机没有留出足够的电量返航，从而自主强制降落。在室外飞，地形和天气环境都很复杂，降落得好就算万幸，要是降落得不好，炸机、丢机是常事。

如果已经出现了电量过低无法返航的情况，那么不要慌张，也不要盲目操作，按照步骤来操作就有很大的概率找回自己的航拍无人机。

（1）指示灯呈绿色，说明还在连接的状态，先调整航拍无人机对着自己的方向。

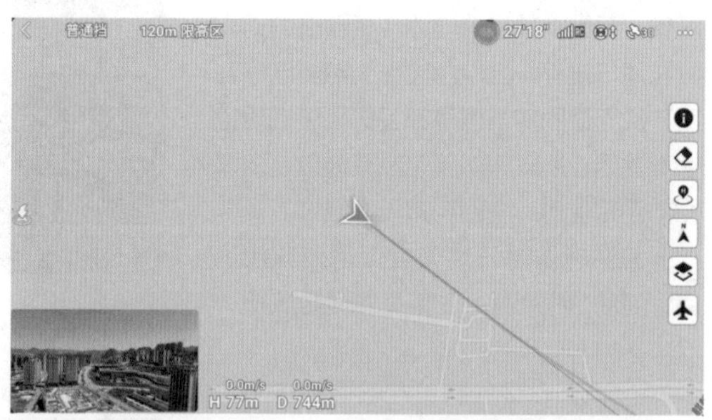

（指示灯呈绿色，说明还在连接的状态）

（2）按下录制键，记录缓存信息。

（记录缓存信息）

（3）满杆边向前飞边下降，尽量使航拍无人机距离自己不要太远。

（尽量使航拍无人机距离自己不要太远）

（4）当航拍无人机已经启动强制下降时，将云台相机的镜头朝下。

（将镜头朝下记录环境信息）

（5）尽快就近操控航拍无人机，找一个相对合适的降落点，将航拍无人机降落。

（尽快降落至选择的目标点）

（6）开启数据流量或连接热点，打开“找飞机”功能，结合飞行的视频缓存记录，尽快前往紧急降落点，去找回自己的航拍无人机。

（打开“找飞机”功能）

6.5 实用的“找飞机”功能

（手机微信扫码观看相关视频教程）

其实，飞手在飞行时突然遇到猛禽、突然进入姿态模式、遥控器或图传信号丢失等突发情况都属于较轻的，更为严重的是航拍无人机失联之后没有返航。本节将介绍遇到这种情况的解决方法，也就是“找飞机”功能的使用。此功能可以缩小飞手的航拍无人机找回范围，提高找回概率。

航拍无人机失联后，跟随以下步骤，打开自己的航拍无人机找回功能，寻找航拍无人机。

（1）打开 DJI Fly。

（开启 DJI Fly）

（2）点击“我的”按钮，在打开的界面中找到“找飞机”功能。

（找到“找飞机”功能）

（3）弹出的地图中，圆点是遥控器所在的位置，红色箭头图标是航拍无人机炸机的位置。

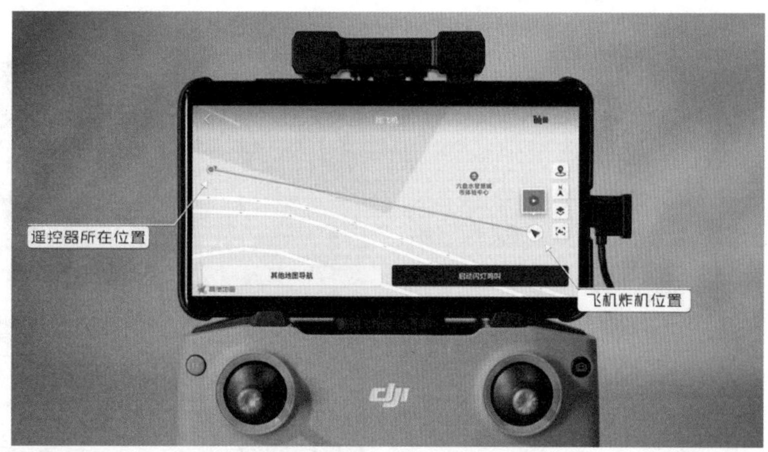

（找到航拍无人机所在的位置）

（4）记得开启手机或平板电脑的数据流量，如果使用带屏遥控器，记得连接热点，这样地图显示更全面。

（开启数据流量或连接热点）

（5）如果不习惯看二维地图，那么可以切换成卫星地图。

（切换卫星地图显示）

（6）根据地图寻找航拍无人机。

（根据地图指示前往）

（7）到了航拍无人机附近，可以启动闪灯鸣叫，失联的航拍无人机会发出“嘀嘀嘀”的声音；如果听见声音，那么根据声音的位置判断，就很容易找到航拍无人机了。

（启动闪灯鸣叫）

如果是炸机或严重低电量警报迫降，那么航拍无人机相对来说要好找一些。如果是信号丢失且没有返航，或者是飞行的时候就已经提示无 GPS 信号，进入姿态模式，那么这种情况就不太好找了，只能通过视频的缓存信息和坐标比对，来查看航拍无人机掉落的大概位置。

找航拍无人机的时候，如果是环境恶劣、地势险要或是深夜，那么就不要冒险去找了；如果找不到或找到了但挂在悬崖这类危险的地方，就别去取了，建议花钱请专业的人员来帮忙，安全是最重要的。

7 后期维护篇：无人机后期保养维护

本章主要介绍航拍无人机的日常保养、维护、技术支持等操作方法。

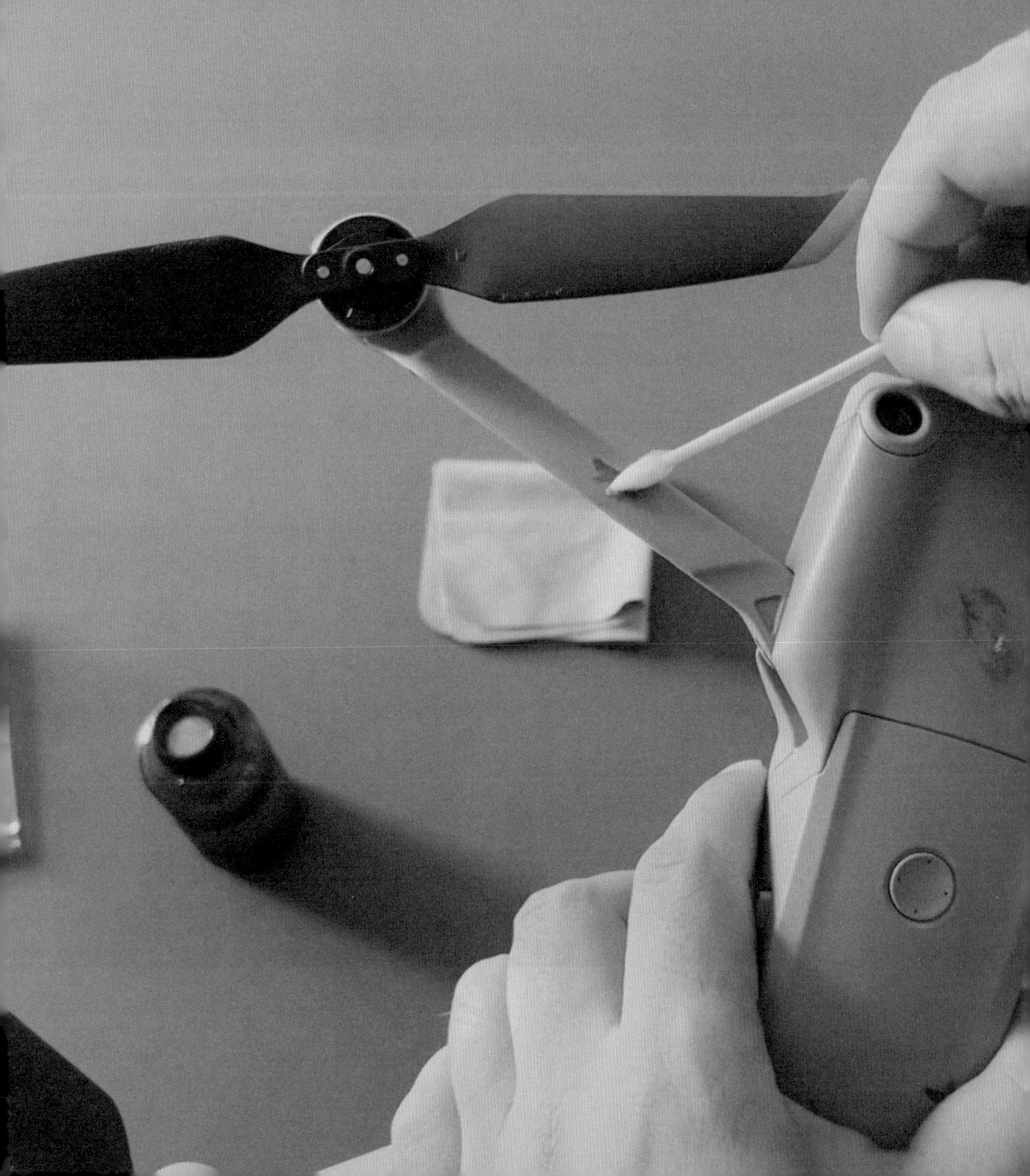

7.1 如何正确使用电池及保养?

（手机微信扫码观看相关视频教程）

航拍无人机的电池问题一直都是飞手们较为关注的，本节以 DJI Mavic 3 机型为例，系统地介绍航拍无人机电池的正确使用及保养知识。

通常来说，购买大疆新机时，可以选择多配几块电池，以及匹配的“充电管家”。

（DJI Mavic 3“充电管家”）

7.1.1 “充电管家”的外形构造

（1）充电口上有 3 个电池插槽，可同时为 3 块电池进行充电。

（2）只有 1 个状态指示灯。

（3 个电池插槽）

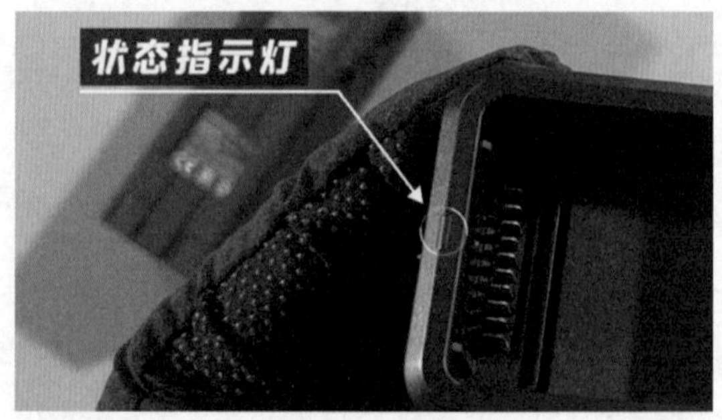

（状态指示灯）

（3）只有 1 个 Type-C 电源接口。

不同机型的“充电管家”结构也有区别，使用时可以查看配套的用户手册。

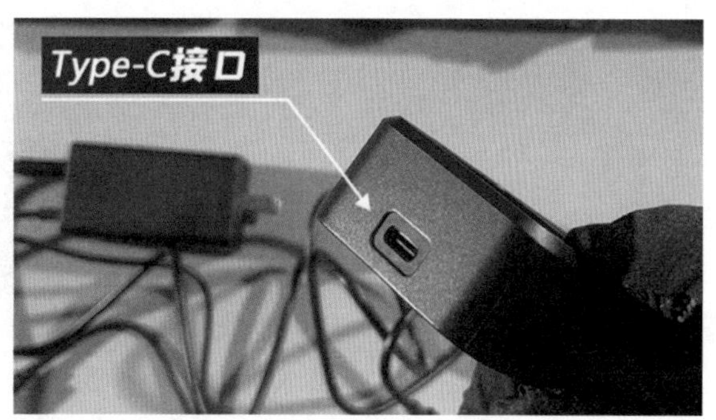

（电源接口）

7.1.2 “充电管家”的使用方法

（1）提前将电池竖向插入插槽。

（2）接通电源后，“充电管家”开始对电池进行自检。

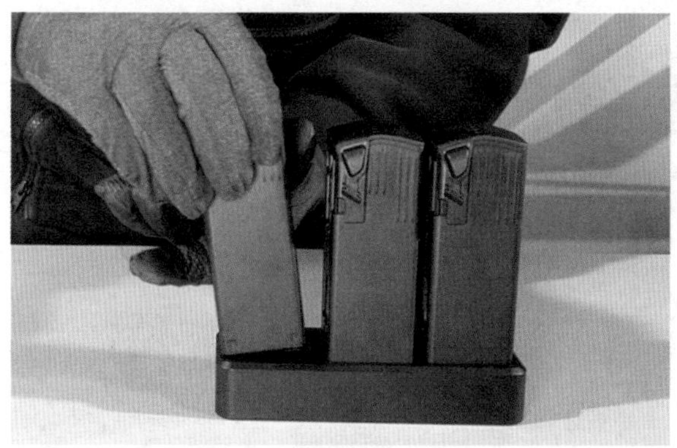

（插入电池）

（接通电源）

（3）自检通过后，“充电管家”开始为电池充电。

“充电管家”的充电顺序是由低电量电池向高电量电池依次充电，充满单块电池的时间一般为 1 小时 30 分钟左右。

（开始充电）

（4）充满电之后，电池上的电量指示灯就会熄灭，进入电池保护状态。

（指示灯熄灭进入保护状态）

（5）取下电池，并从插座上取下“充电管家”的电源适配器。

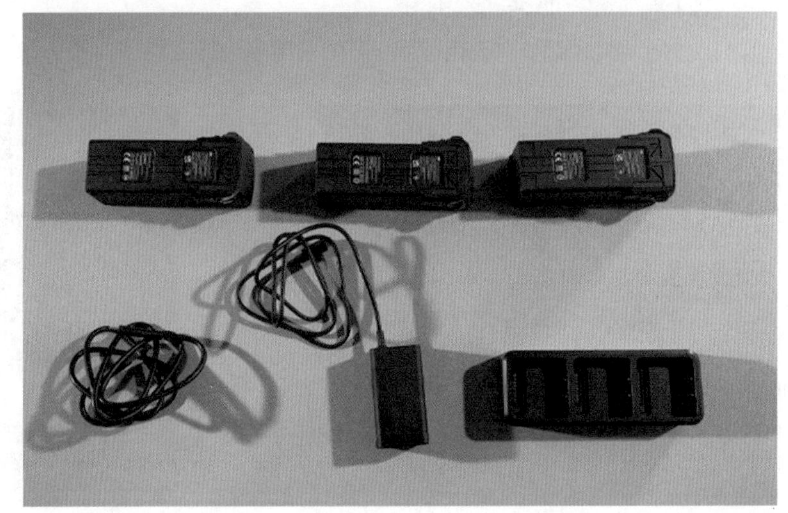
（收纳存放）

7.1.3 智能飞行电池放电逻辑

建议将长期不使用的电池进行放电，以活跃电芯，延长使用寿命。

电池有以下两种放电方式。

（1）手动放电。如需尽快放电，可将电池插入航拍无人机，启动航拍无人机后不用飞行也能进行快速放电，但要注意安全。

（2）自动放电。若电池电量大于 65%，无任何操作，存储的第 8 天开始自动放电，大概需要 2~3 天时间，才会将一块 100% 电量的电池放电至 65% 左右，以保护电池。自动放电期间无 LED 灯指示，电池可能会轻微发热，属正常现象。中途如果对电池做过任何操作（如短按或长按电源键等），放电过程就会被打断而停止，然后重新开始进入自动放电的计时。

7.1.4 智能飞行电池存放方式

（1）如果电池长期不使用，建议将其取出单独存放。电池的理想存放温度为 22~28℃，避免长期放置在低温的环境中，远离热源、易燃易爆物品。此外，电池还需要注意防水防潮，保持环境干燥，避免阳光照射。

（2）如需长途运输，可将电池放入航拍无人机中手动放电至 20%~30%。

（3）超过 7 天不使用电池，宜将电池放电至 30%~50% 存放；若长时间不使用电池，宜将电池充电至高于 65% 电量并开启存储自放电模式，以保持电芯活跃；若电池使用较为频繁，比如每周使用一次，则无须以上保养操作。

7.1.5 智能飞行电池使用规范

❶ 飞行前使用规范

（1）请务必使用厂家提供的专用电源适配器将电池充满电。

（2）若在低温环境下使用，或者遇到“低电压报警”提示，应立刻停止飞行，并悬停航拍无人机，预热电池后再飞行。

❷ 飞行后使用规范

（1）飞行结束后，智能飞行电池温度较高，应等智能飞行电池降至室温再进行充电。

（2）飞行结束后，要及时取下航拍无人机电池，刚取下来的电池会过热，应在常温安全环境中晾置 30 分钟后再充电，否则会对电池造成损害。

（3）航拍无人机的电池温度在 5℃以下时不宜充电，否则可能因电池温度过低导致充不进电。飞手应先用安全手段给电池升温后再充电。

7.1.6 智能飞行电池常见的问题

（1）电池循环次数怎么算?

智能飞行电池累计使用 75% 左右的电量后，电池的循环次数就会增加一次，自动放电也包含在内。

（2）电池为什么会鼓包?

过放过充、频繁在高温环境下储存或使用都会引起电池鼓包，如果电池出现鼓包，建议立刻停止使用并发回厂家。

（3）前一天电池满电，第二天只剩 96% 左右是怎么回事?

这是电池的自动放电，充满 24 小时未使用就会放电至 96% 左右，连续 5 天未使用就会放电至 60% 左右。

（4）大疆航拍无人机电池的保修政策是一年或 200 次循环以下，是不是用了 200 次之后，电池就不能再使用了呢?

电池循环次数超过 200 次后，若电池电芯电压差值未超过 0.3V，或者未出现鼓包等异常现象，仍可以继续使用。飞手每次飞行前，应注意检查电池状态。

（5）为什么电池性能会逐渐下降？

电池是消耗品，其内部通过化学反应提供能量，而化学物质的效能会随着时间的增长而降低。

（6）为什么电池放久了可能无法使用？

当电池电量低于 5% 时，若未及时充电，电池将自动进入深度休眠状态，需要对电池充电进行唤醒。电池长期闲置，可能会导致过度放电，从而损坏电池。

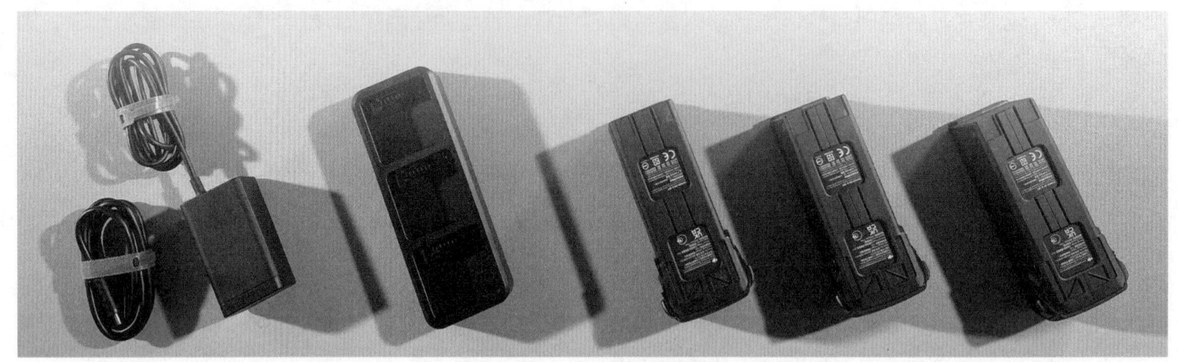

（电池长期休眠需要充电唤醒）

（手机微信扫码观看相关视频教程）

7.2 航拍无人机的常规养护

航拍无人机的日常维护是必不可少的，这样既能提高航拍无人机的使用周期，还能降低航拍飞行风险。

本节以 DJI Air 2S 机型为例，介绍航拍无人机的常规养护方法。

7.2.1 航拍无人机的日常维护

飞手应自备一套航拍无人机的日常维护套装。

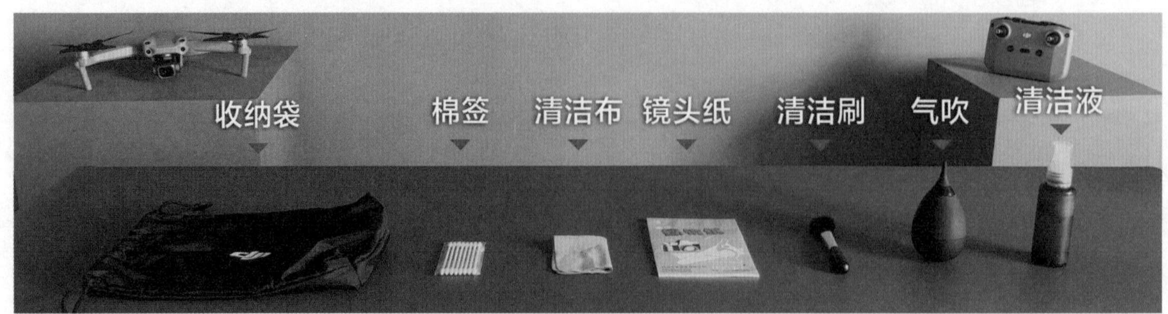

（日常维护套装）

❶ 镜头纸的使用方法

航拍无人机的镜头与视觉传感系统容易沾上指纹、灰尘等污渍，如果飞手使用衣服或纸巾来擦拭这些镜头，那么不但会对镜头造成损伤，而且容易造成二次污染。建议用镜头纸来擦拭镜头，不仅能清除常见的污垢，而且能起到保护镜头的作用。

（1）准备专用镜头纸。

（2）取出一张镜头纸。

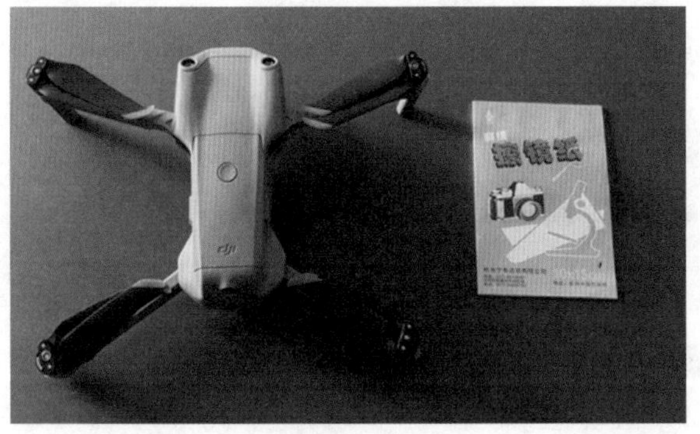

（准备镜头纸）

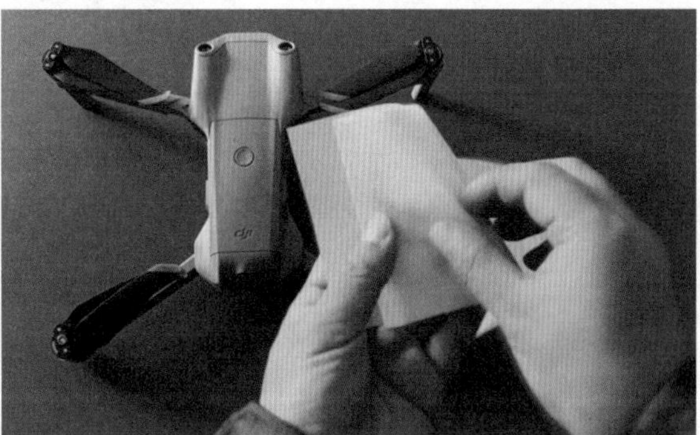

（取出镜头纸）

（3）将镜头纸卷起来。

（4）卷好后，将镜头纸从中间撕成两节。

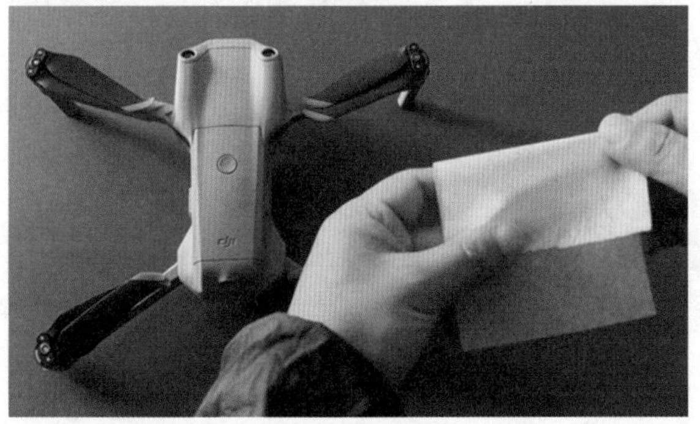

（将镜头纸卷起来）

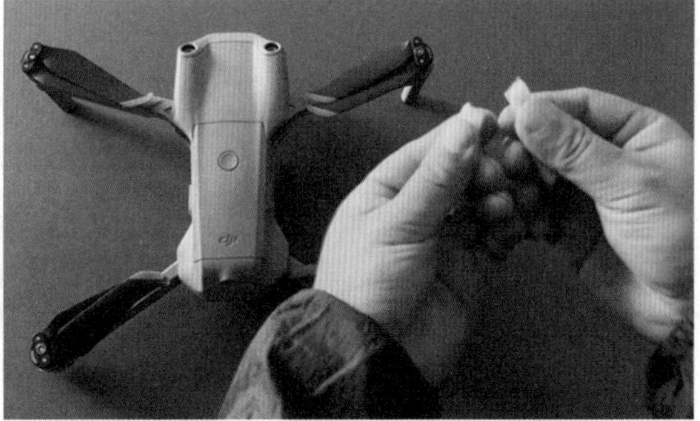

（将镜头纸撕成两节）

（5）用毛茸横截面擦拭镜头。

（6）最后用气吹清理镜头。

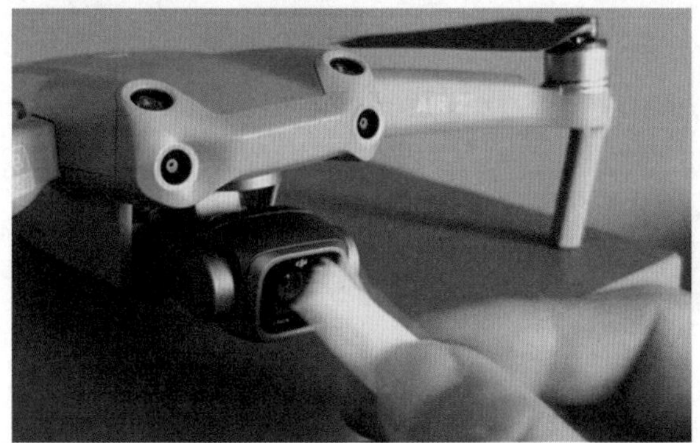

（擦拭镜头）

（用气吹清理镜头）

❷ 清洁布的使用方法

航拍无人机在飞行过程中难免会接触灰尘颗粒，建议使用清洁布清洁，能快速有效地去除机身表面的灰尘颗粒。

（1）准备清洁布。

（准备清洁布）

（2）用清洁布擦拭尘土和带有颗粒的地方。

（擦拭尘土清理杂物）

❸ 清洁液与棉签的使用方法

针对机身组件上的顽固污渍，可以使用清洁液和棉签进行有效清理。

（1）准备清洁布、清洁液、棉签等工具。

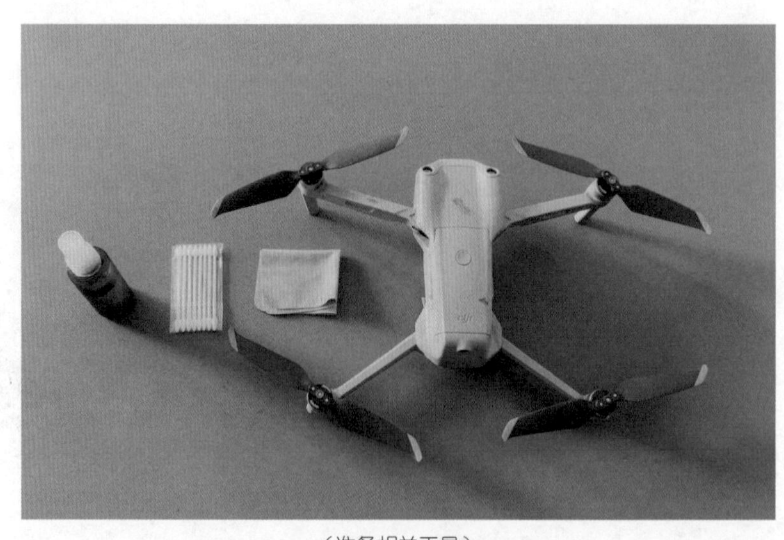

（准备相关工具）

（2）用棉签蘸取适量清洁液。

（蘸取适量清洁液）

（3）将清洁液涂抹在顽固污渍上，等 3~5 分钟后溶解。

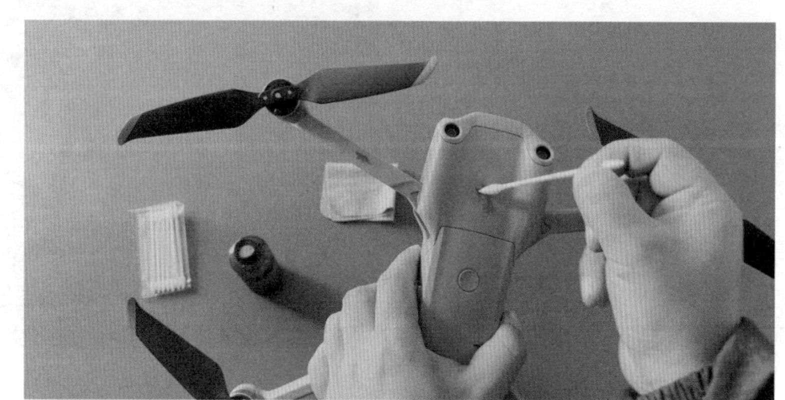

（涂抹污渍）

（4）污渍溶解之后，用清洁布擦拭干净即可。

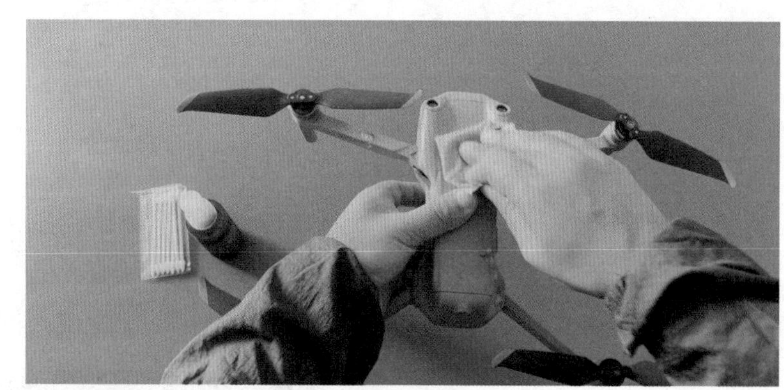

（擦拭干净）

清洁液使用须知。

（1）使用清洁液时，避免使用过量及与航拍无人机电机等金属元件接触。因为清洁液带有一定的腐蚀性，渗透到航拍无人机内部的金属元件，会对金属元件造成腐蚀，从而损坏航拍无人机。

（2）尽量使用棉签蘸取法溶解污渍，切勿使用喷洒清洁液等方式去除污渍。

（3）如果航拍无人机不慎接触到顽固污渍，如油污、水渍等，应及时清理，避免长期接触导致金属元件氧化，积重难返。

④ 清洁刷与气吹的使用方法

由于航拍无人机相关组件的造型不规则，用清洁刷与气吹配合，能有效去除缝隙中的灰尘颗粒。

（1）先用清洁刷对航拍无人机的缝隙进行清理。

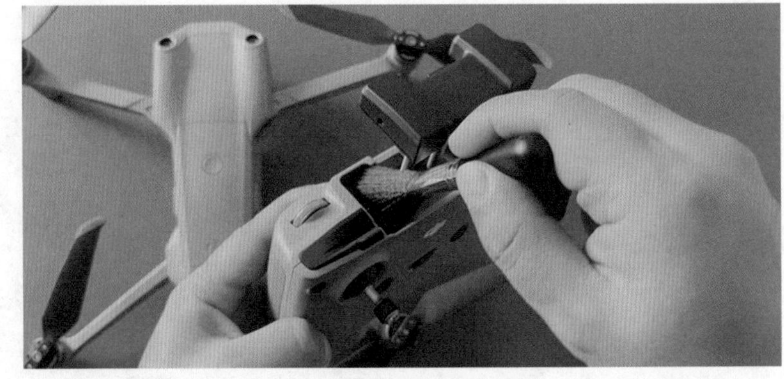

（清洁刷清理缝隙）

（2）再用气吹对航拍无人机缝隙中的残余颗粒进行清理。

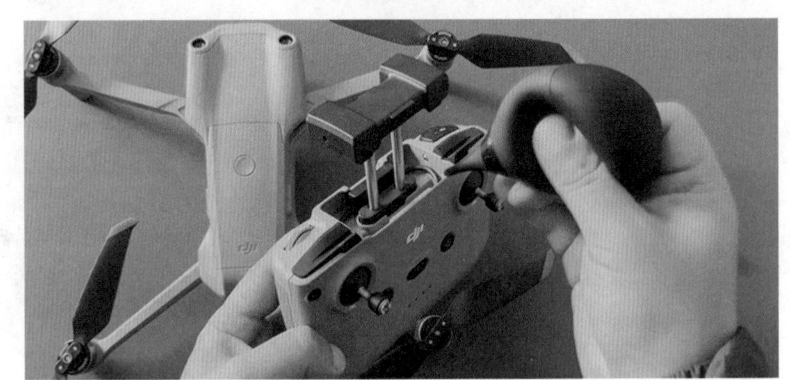

（气吹清理残余颗粒）

7.2.2 航拍无人机氧化层的防范与处理

飞手使用航拍无人机时，要注意防范和及时处理氧化层。

❶ 氧化层的防范方法

第一，要做好防潮措施，确保航拍无人机的相关组件干净整洁，再放入装有干燥剂的背包或安全箱中。第二，由于航拍无人机的接口由金属制成，容易在空气中发生氧化，形成一层氧化膜，从而影响飞手航拍飞行。飞手应定期清理氧化层，避免飞行报错。

（1）收纳前先清洁整理组件，再放入收纳包或收纳箱中。

（清洁整理后再放入收纳设备中）

（2）在收纳包或收纳箱中放入干燥剂并盖好。

（在收纳设备中放入干燥剂）

❷ 易氧化的区域

航拍无人机的氧化问题主要出现在以下 3 个区域。

（1）Micro SD 卡接口处。

（2）遥控器接口处。

（3）电池接口处。

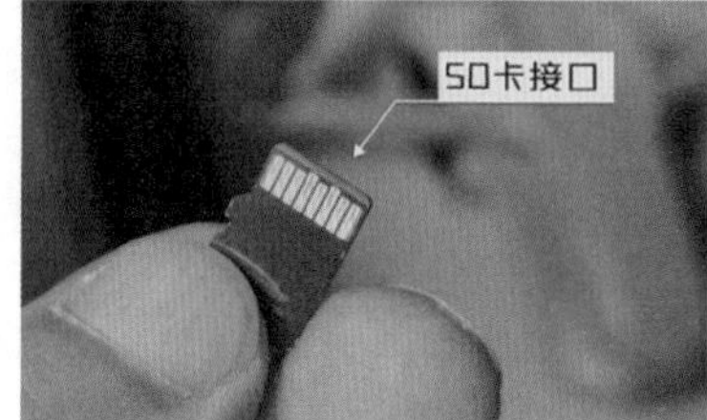

（SD 卡接口）

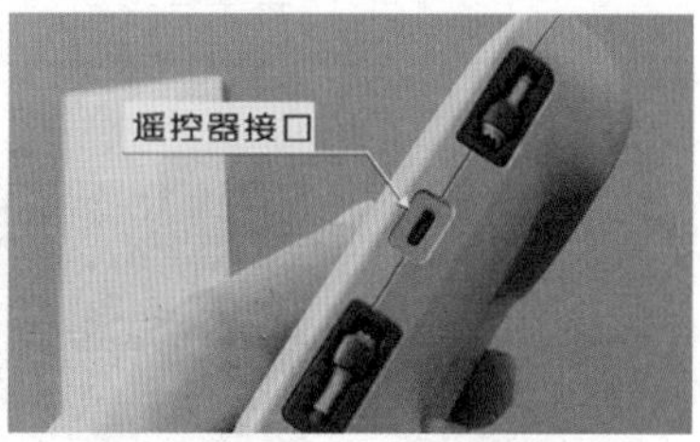

（遥控器接口）

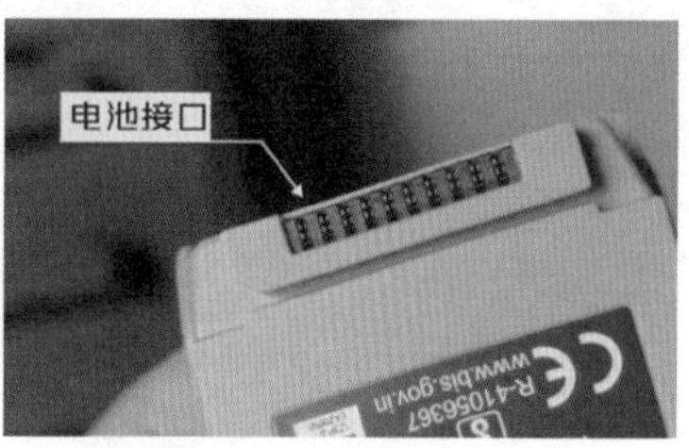

（电池接口）

❸ Micro SD 卡接口处的氧化处理方法

Micro SD 卡的接口由金属材料构成，长时间不使用，接口上会形成一层氧化膜。如果不及时清理，那么可能会导致 Micro SD 卡无法读取。

Micro SD 卡接口处的氧化处理方法如下。

（1）用橡皮来回擦拭 Micro SD 卡的接口处。

（2）用气吹清理橡皮颗粒。

（3）接上航拍无人机查看 Micro SD 卡读取是否正常。

（用橡皮来回擦拭）

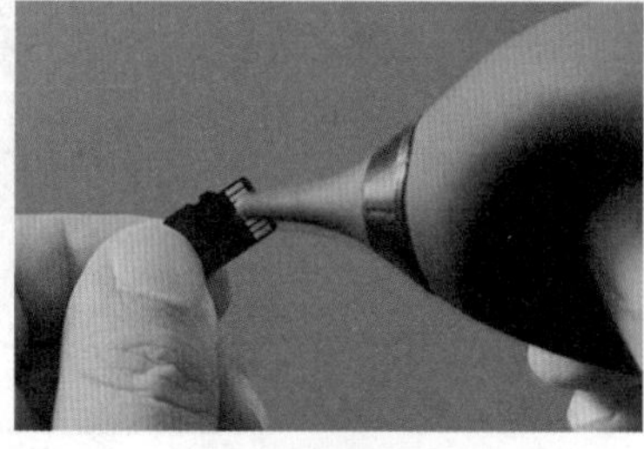

（清理橡皮颗粒）

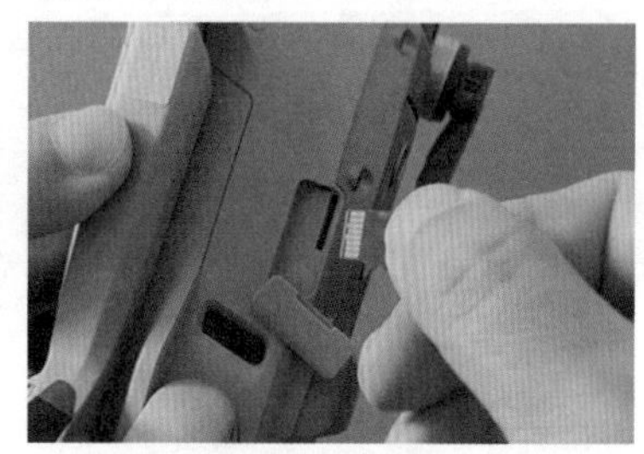

（接上航拍无人机查看是否正常）

❹ 遥控器接口处的氧化处理方法

航拍无人机的遥控器各项功能都正常，但与其他组件接不上，这种情况可能是遥控器的接口处出现了氧化层造成的。

（1）准备一张整洁的纸片。

（2）裁剪后折叠成比接口小一点的条状纸片。

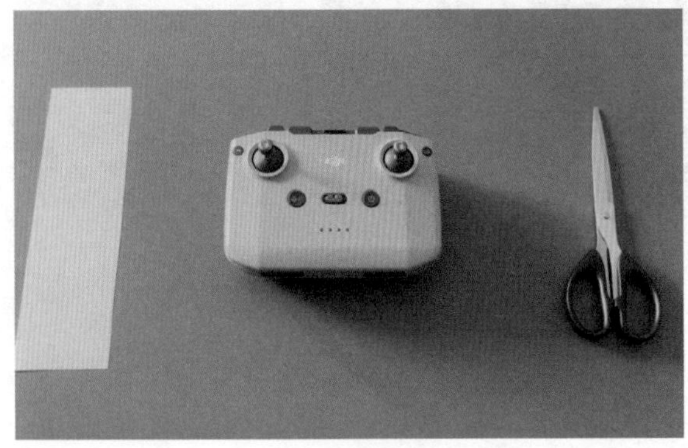

（准备工具）

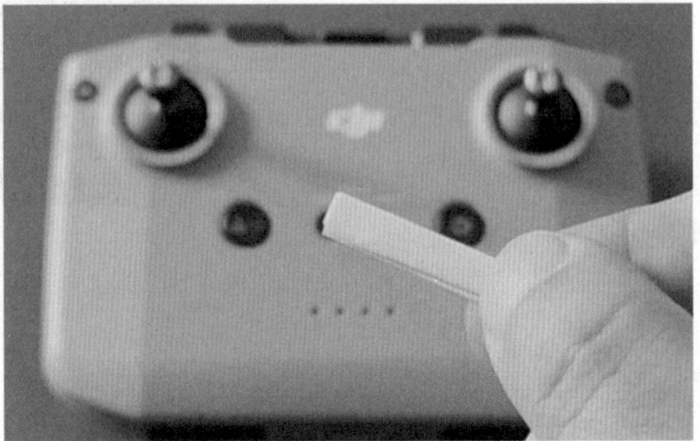

（做出条状纸片）

（3）使用条状纸片在遥控器接口处来回擦拭。

（4）如果纸片上有一层黑色的污渍，那么说明清理已经起到了效果，插上设备试试看。如果没有反应，那么就重复处理一下。

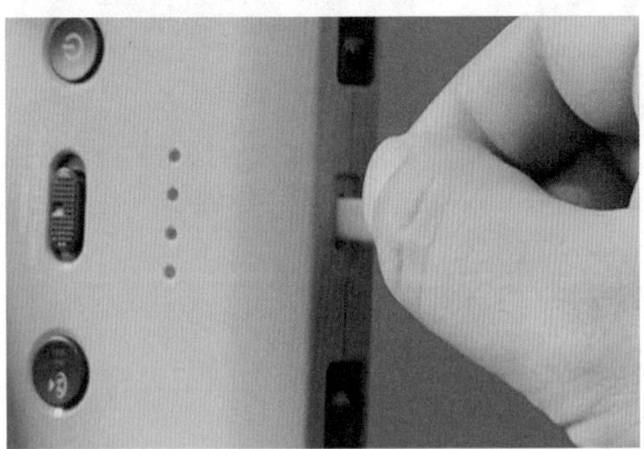

（来回擦拭接口）

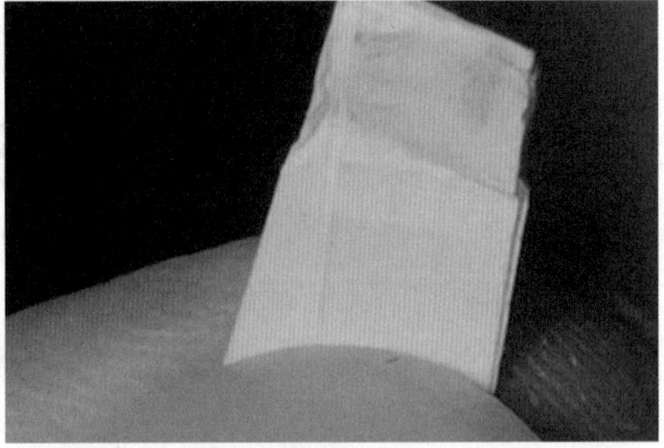

（出现黑色的污渍）

电池接口出现氧化层时，与遥控器接口的处理方法相同。

（与遥控器接口的处理方法相同）

7.2.3 定期检查航拍无人机的电机和桨叶

使用航拍无人机在海边、沙滩、草地等灰尘颗粒较大的环境中飞行时，电机内部难免会进入杂物，从而造成电机堵塞，使电机无法正常运作。飞手应定期检查航拍无人机的电机和桨叶，如果飞行频繁，那么建议一周检查一次。

❶ 电机检查

（1）在关机的情况下用手指转动电机。

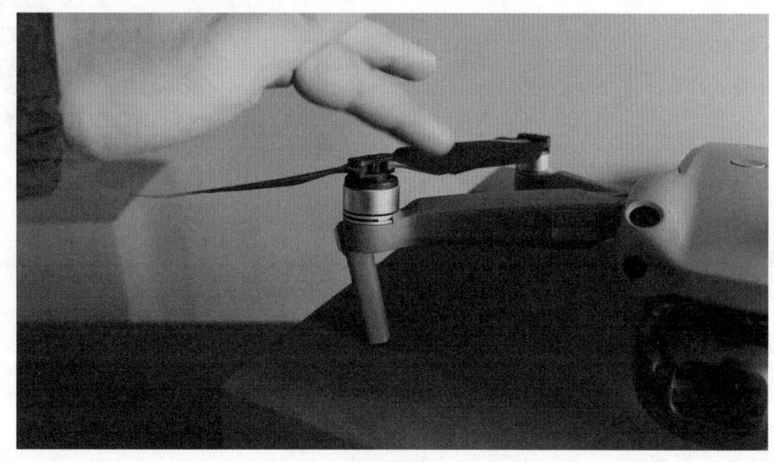

（转动电机）

（2）观察电机转动是否顺滑。

如果电机转动顺滑，那么就可以继续飞行；如果电机有堵塞或不顺畅等现象，那么需要及时对其进行更换。

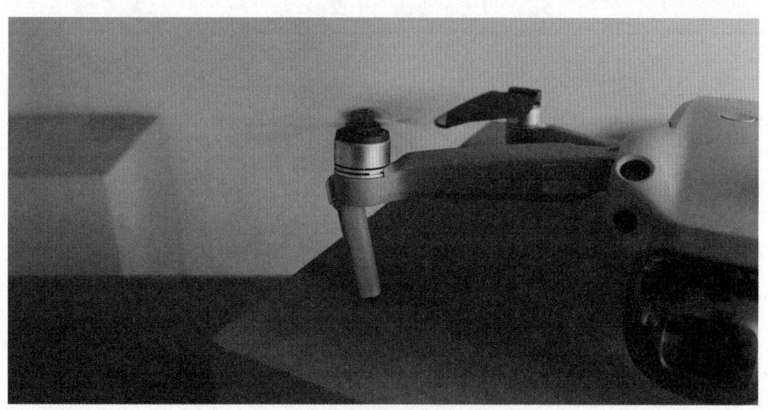

（观察转动状态）

❷ 桨叶检查

（1）观察桨叶叶面的正反面及周围，如有裂纹、破损或老化等现象，要及时更换备用桨叶。

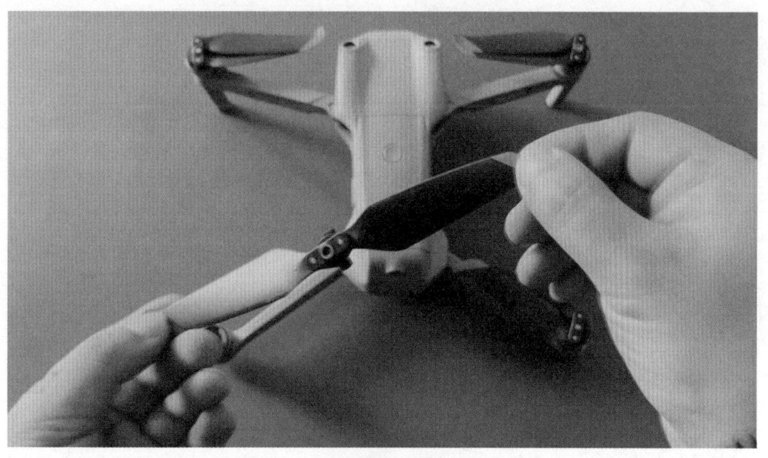

（检查桨叶叶面）

（2）观察桨叶固定螺丝及电机之间的卡扣，如有松动的现象，要及时使用相关工具拧紧或更换备用桨叶，避免航拍无人机在飞行过程中射桨，导致炸机。

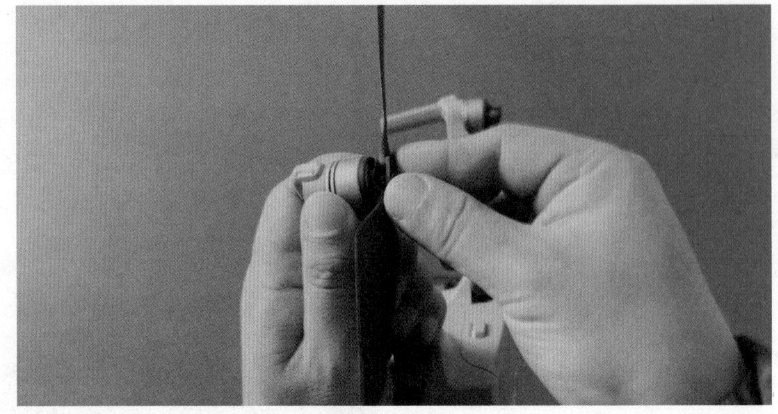
（检查桨叶结构状态）

（手机微信扫码观看相关视频教程）

7.3 建议购买航拍无人机保险

飞手购买航拍无人机时，应该同时购买航拍无人机保险，这能帮助飞手降低因意外导致的损失。本节以 DJI Mini 2 机型为例，介绍买与不买航拍无人机保险的数据对比及随心换权益的具体查看方法。

7.3.1 买与不买航拍无人机保险的数据对比

对于飞手来说，是否购买保险的收益相差较大，本节以大疆消费级航拍无人机“随心换”为例，做一个简单的介绍。

❶ 购新机不买随心换

（1）购买 15 天之内，航拍无人机出现问题可以更换新机。

（2）购买 1 年之内，航拍无人机享有保修服务。

❷ 购新机购买随心换

（1）第三责任险。在保障期间内，被保险人在使用、操控航拍无人机的过程中，造成第三方人身伤亡或财产损失的，应由被保险人承担赔偿责任的，保险人按照保险合同约定负责赔偿。

（2）意外换新。航拍无人机遇到撞击跌落、意外进水、飞丢失联、自然磨损等情况时可以低价置换。以 DJI Mini3 Pro 机型为例，假如出现了意外造成航拍无人机损坏严重，加 1469 元就可以换一台同型号的新机。

（大疆商城 App 选购新机时推荐 DJI Care 随心换购买界面）

7.3.2 随心换权益的具体查看方法

除上一小节介绍到的权益外，随心换还享有其他权益，分为 2 年版本和 1 年版本。而且除年限外，受益程度也不太一样。飞手如果购买了随心换，那么就可以通过 DJI Fly 飞行 App 来查看更为详细的权益。

（1）在主界面中点击“我的”按钮，进入“我的”界面。

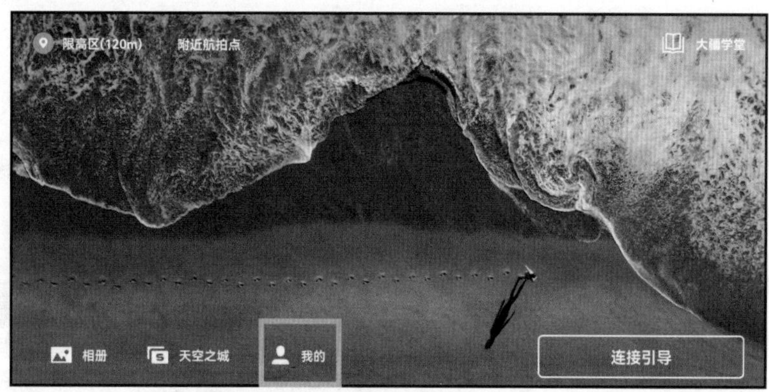

（点击“我的”按钮）

（2）在“我的”界面中点击“设备管理”按钮。

（点击“设备管理”按钮）

（3）在“设备管理”界面中选择对应的机型。

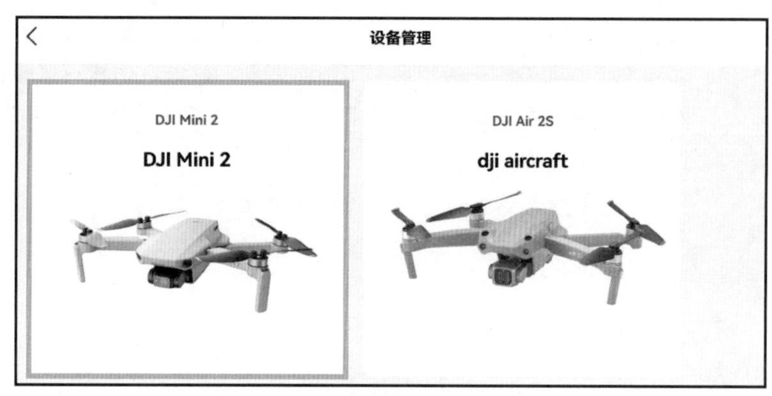

（选择对应的机型）

（4）跳转页面后，点击“增值服务”按钮，然后点击“DJI Care 飞丢保障权益”按钮查看详情。

（点击“DJI Care 飞丢保障权益”按钮查看详情）

（5）在弹出的页面中查看详细的权益说明。

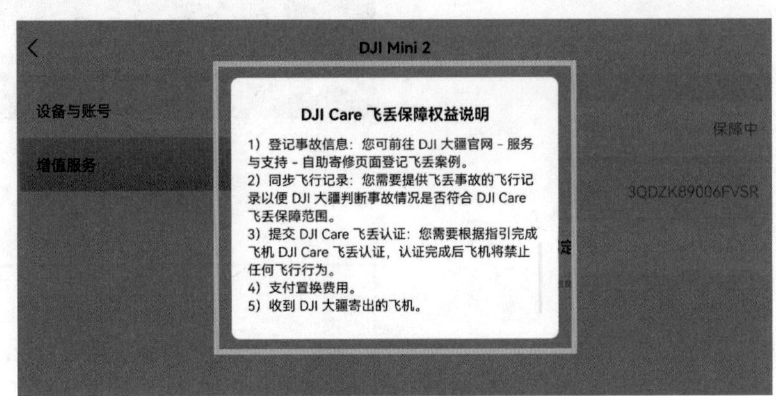

（查看详细的权益说明）

（手机微信扫码观看相关视频教程）

7.4 获取航拍无人机的售后服务

飞手购买航拍无人机后，可能会遇到对性能、功能不了解，不知道怎样寄修、换新等问题。本节以大疆消费级航拍无人机 DJI Mavic 3 机型为例，介绍如何运用大疆的三个程序轻松解决这些问题。

7.4.1 大疆商城 App

大疆商城 App 能让飞手在购买新机前咨询相关问题，具体操作步骤如下。

（1）安装大疆商城 App。

（2）点击“大疆商城”App，在打开的页面中为自己创建 DJI 账号。

（3）完成注册后，找到喜欢的产品，点击“客服”按钮进行咨询。

（安装商城）

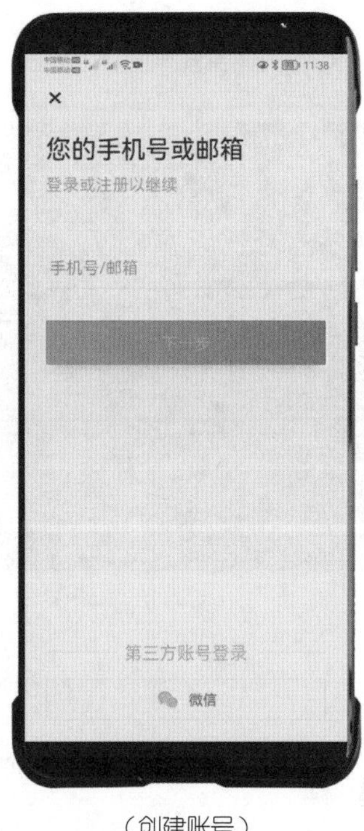

（创建账号）

（客服咨询）

（4）在打开的页面中，与客服沟通有关购买的问题。

（5）在商城中购买机器后，有总金额 1% 的 DJI 币返利。

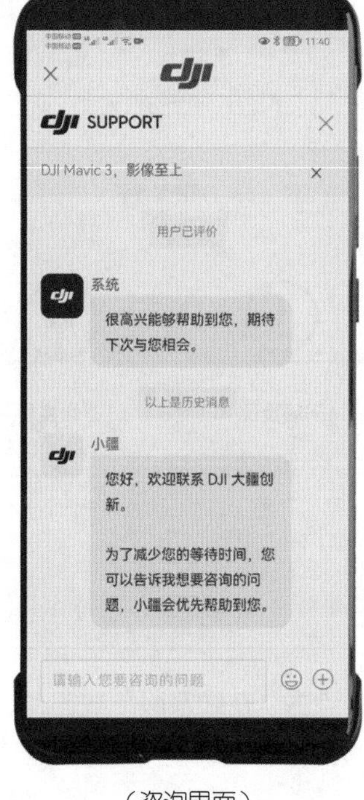

（咨询界面）

（DJI 币返利）

7.4.2 DJI Fly 飞行平台

DJI Fly 飞行平台除能辅助飞手愉快地飞行外，还可以解决航拍无人机在使用过程中的很多问题，具体操作步骤如下。

（1）进入 DJI Fly 飞行平台首页，点击“我的”按钮。

（DJI Fly 飞行平台）

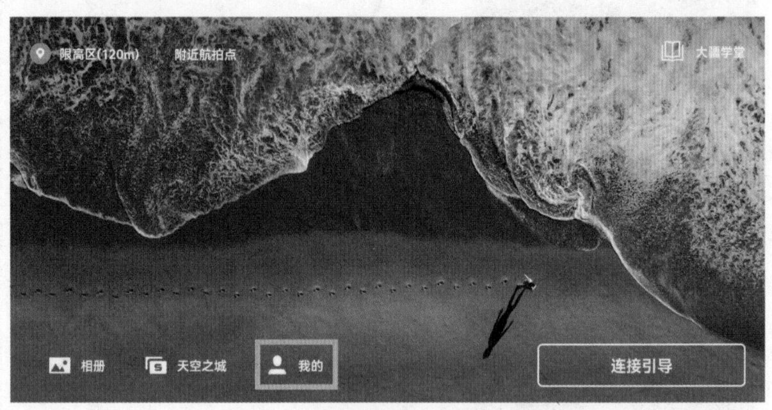

（点击“我的”按钮）

（2）在“我的”界面中点击“客服”按钮。

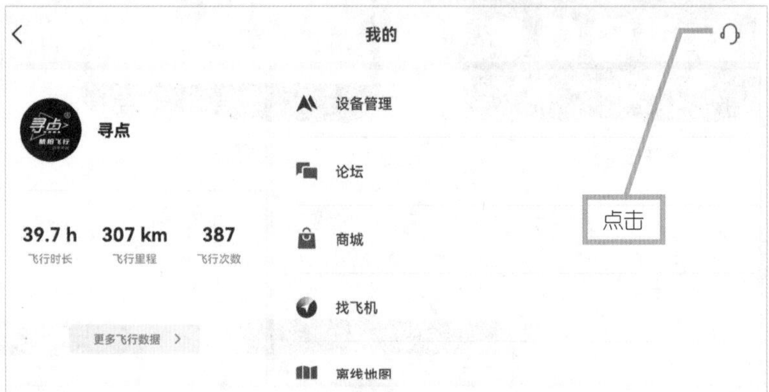

（点击“客服”按钮）

（3）在“用户服务”界面中选择自己需要的服务。

（服务类型选择）

如果飞手在使用航拍无人机的过程中遇到问题，可以点击“在线客服”按钮，选择相应的机型，对相应的问题进行咨询。若是无法解决的技术问题，系统会自动转接人工服务。若客服座席忙，也会在 24 小时之内尽快给出回复。

飞手在飞行过程中，若发现航拍无人机本身存在漏洞，点击“问题反馈”按钮，按照要求如实、清晰地填写问题，并上传相关图片信息，最后提交报告。大疆的技术研发在解决问题后，会第一时间进行反馈。

航拍无人机如果出现损坏，飞手可以点击“寄修换货”按钮，了解自助寄修流程，然后按步骤填写相关信息。如果购买了 DJI 随心换服务，还可以选择机型进行极速换新。

航拍无人机申请寄修或换货后，会生成一个案例号，可以点击“进度查询”按钮，通过案例号来查询寄修或换货进度。

（“在线客服”按钮）

（“问题反馈”按钮）

（“寄修换货”按钮）

（“进度查询”按钮）

7.4.3 DJI 大疆服务小程序

DJI 大疆服务小程序主要是方便飞手使用 DJI 随心换与寄修服务，具体操作步骤如下。

（1）打开微信界面向下滑，会看到搜索小程序的窗口，输入“大疆服务小程序”，就会看到相应的结果，点击相应按钮即可登录。

（2）微信登录后点击右上角的导航按钮，添加到“我的小程序”中，便于下次开启。

（DJI 大疆服务小程序）

（搜索小程序）

（添加小程序）

（3）自助服务页面中包含极速换新、飞丢申报、进度查询等功能。购买了 DJI 随心换的飞手，还可以在这里通过输入激活码和航拍无人机序列号进行绑定。如需查询配件价格，在文本框中输入机型，就能看到结果。

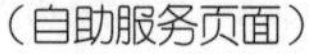
（自助服务页面）

（配件价格查询页面）

航拍无人机如果炸机不严重，可以考虑维修，一般都是寄回大疆厂家。大疆厂家先进行检测，根据检测结果提出报价，用户再根据具体情况选择维修还是换新。如果便宜，那么就可以维修；如果维修成本过高，那么就考虑换新。

（4）DJI 大疆服务小程序中也能查到 DJI 消费级航拍无人机 SN 码的所在位置。

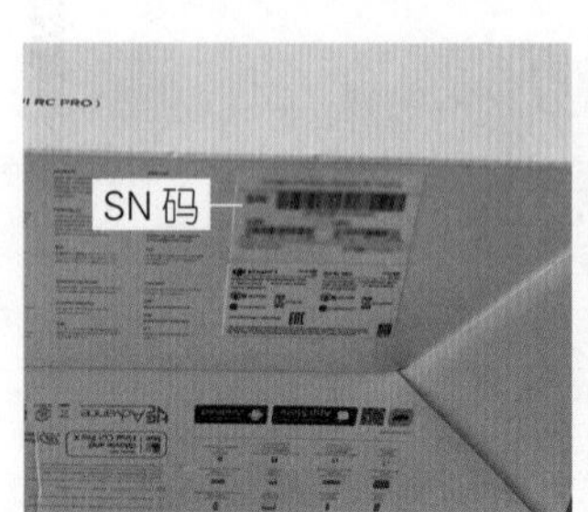

包装盒上

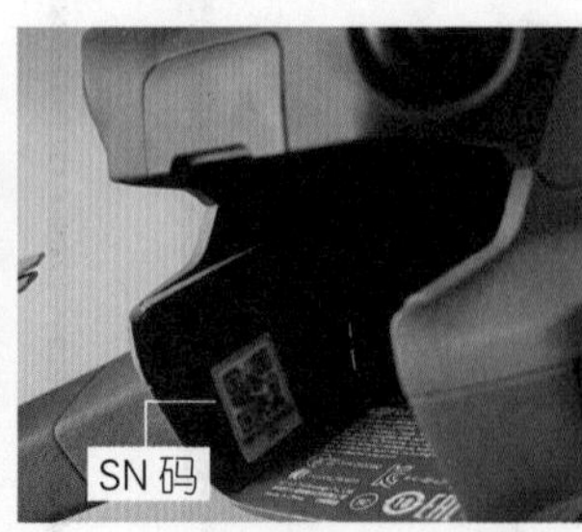

机身内侧

DJI 大疆服务小程序“我的设备”中

（SN 码）

8 航拍行业篇：无人机航拍行业前景

本章介绍商业航拍无人机的行业前景、入行方法等。

8.1 航拍飞手如何营利？

（手机微信扫码观看相关视频教程）

无人机航拍最初只是人们记录生活的一种方式，而现在已经发生了质的飞跃，拥有了成熟的商业模式。那么，航拍飞手如何才能营利呢？本节主要介绍商业航拍的经验，供想要营利的飞手参考。

8.1.1 寻找接单平台

飞手如果想赚点外快，且有一定的航拍飞行能力，可以通过“航拍网”“无人机世界”等网约无人机接单平台接单，这些平台订单多、收益高、门槛低，值得一试。

（接单平台）

接下来以“航拍网”为例，讲解航拍无人机的网络接单方法。

（1）在手机应用中下载安装“航拍网”App，并注册账号。

（安装“航拍网”App）

（2）打开“航拍网”主页。

（3）下滑页面找到“需求广场”。

（4）打开“需求广场”后，跳转的页面会出现接单信息。

（打开主页）

（找到“需求广场”）

（查看需求信息）

8.1.2 素材授权

飞手拍到的图片和视频素材，都可以通过在素材平台上上传并授权使用获取一定的经济收益。飞手若想要涉足商业应用，不妨带上航拍无人机，多去拍各类题材的素材，然后上传到各大门户网站售卖。值得一提的是，有时运气好，拍到独一无二的景色，能获得一笔不菲的收益。常见的相关门户网站不少，如 8KRAW、VJS（光厂）、视觉中国及图虫网。

（素材平台）

8.1.3 学会包装自己

作为拍摄商业素材的飞手，一定要学会包装自己，这样会更容易接到单子。

（1）多拍一些作品，想办法提升自己在平台的知名度。

（2）好好思考策划，有计划地去航拍一些系列视频，并进行适当的后期加工，让自己的视频看起来更加专业、精美。

（3）初期不要太挑单子，争取挤进航拍圈，多发自己航拍的作品，向同行和有拍摄需求的人推荐自己，把自己打造成职业飞手。

8.1.4 不断地提升自己

飞手在飞行熟练了之后，可以试着去升级自己的技能知识，多了解航拍无人机的应用领域。要知道，航拍无人机的行业应用是广泛且有潜力的，不只是能运用在个人航拍摄影上。

当然，接拍商业广告、电影和电视剧的航拍等都是有职业技能门槛甚至履历要求的。飞手的技艺要过硬，要有作品，才能达到甲方的要求。除此之外，还有其他各类行业应用，比如在测绘、巡检安防、救援、农业植保等领域，航拍无人机都有用武之地。

航拍无人机行业未来的发展空间非常大，如果飞手想跨入这片蓝海，就需要有过硬的能力，才能把握住机会。飞手们如果想要提升自己，除了练习和累积素材，去寻找相关的教程进行书面和视频学习也是很有必要的。篇幅有限，关于行业应用的知识，可以在 B 站（bilibili 哔哩哔哩）“寻点飞行”的主页观看“民用无人机行业应用”的相关内容。

“寻点飞行”的主页

8.2 实名登记与飞行员执照

（手机微信扫码观看相关视频教程）

随着航拍无人机的普及，行业内的“黑飞”现象也越来越严重。虽然大部分航拍无人机的飞行高度相对较低、体积小、飞行速度相对较慢，但是对其进行探测、识别比较也相对困难。因此，航拍无人机使用违规，将会对公共安全造成威胁，国家也不得不出台对应的管理法规。

8.2.1 类比说明

根据国家相关规定，航拍无人机是需要实名登记的。为什么要将私人装备实名登记呢？我们通过一个常识类比说明。公民购买一辆汽车，需要办理行驶证，而驾驶这辆车时，又需要驾驶证。

（行驶证和驾驶证）

同样的道理，作为一种工具，航拍无人机也需要实名登记。完成实名登记的航拍无人机，官方会为其生成二维码贴在机身上，这就相当于航拍无人机的行驶证；而当飞手去驾驶这台航拍无人机时，最好还要有一本执法部门认可的飞行员执照。

下面以 DJI M30T 机型为例，对相关证件进行举例说明。

（飞行二维码和执照）

8.2.2 有飞行员执照的优势

飞行员执照为什么是最好有，而不是必须有呢？

那是因为国家暂时没有对 7kg 以下的消费级航拍无人机持证有硬性的要求，所以并不是必须有。

然而没有执照，也会为飞手带来诸多不便。条件允许的情况下，飞手尽量持证上岗。

（1）申请空域的资质。有时因特殊航拍需要，如需在禁飞区内飞行，飞手可凭借自己的“飞行员执照”及本人的身份证及相关申请材料，到当地相关管理部门进行申报，即可获批飞行。但如果飞手并没有飞行员执照，申请是得不到批准许可的。

（2）限制友好。飞手外出飞行，若随身携带“飞行员执照”，在合法区域航拍飞行时，遇到执法人员进行管理执法，出示真实有效的飞行证后会得到放行，否则可能遭遇干预。若飞手意外在重大会议事件管制区域内起飞，遇到执法部门的劝阻和处罚的，持证者可以在法律允许的范围内得到一定程度的从轻处理。

（3）用途广泛。以 ASFC（一般指中国航空运动协会）“飞行员执照”为例，持证者的航拍无人机在各省市招警考试、飞行备案、禁飞区解禁、竞技比赛报名后，都是可以飞行的。如果飞手拥有的是中级“飞行员执照”，不仅可以从事航拍，还可以从事电力巡线、电力架线、公安消防、应急指挥、森林防火、空中侦察、测绘勘探、国土监察、城市规划等领域的工作，这对个人职业或技能竞争是很有帮助的。

（4）为今后考虑。国家关于航拍无人机的管制政策会越来越完善，虽然暂时没有对 7kg 以下的消费级航拍无人机的硬性要求，但并不代表以后不会有。随着航拍无人机行业尤其是商业应用的发展，相关政策肯定是会更加规范的。

8.2.3 航拍无人机“黑飞”界定

航拍无人机的“黑飞”，广义是指非法的、未经批准的飞行，狭义是指出于营利等各种主观故意、可能危及社会的违法飞行。“黑飞”的界定，涉及航拍无人机的性能、分类、使用空域和驾驶员资格等方面。

❶ 航拍无人机的使用空域

依据严格的法规定义，我国尚未划出航拍无人机可使用的空域，也没有管理部门授予其飞行的许可，空域中的航拍无人机处于尴尬的境地。

具体飞行实践中，在机场、军事和政府设施、超市等明确要求避开的人员密集区、超过一定高度（120m）空域，以及涉及测绘等保密规定的飞行活动，会被认为是“黑飞”。而在空旷地区、非敏感空间范围内、无恶意和危害的飞行，一般不会被追究。

近期，民航局认定了一些合规的航拍无人机飞行申请平台，如大疆上的“飞行解禁”，飞手可以在平台上申请，得到批准的飞行就不再是“黑飞”了。

❷ 航拍无人机驾驶员资格

《民用无人机驾驶员规定》中有 3 种情况不需要持照飞行。

（1）室内飞行。

（2）在视距内飞行的微型以下航拍无人机，但理论上需要申报飞行计划。

（3）在空旷无人区做实验的航拍无人机飞行，如河流、海上或沙漠等空旷的地方。

除此之外，从驾驶员资格方面来看，驾驶 7kg 以上航拍无人机且并未持有国家认定的如 ASFC、UTC 等航拍无人机飞行员执照的，都会被认定为“黑飞”。

飞手就算拥有“飞行员执照”，获得民航和行政执法机构认可，也要守法飞行，不得对公共安全造成威胁。拿到执照只能证明飞手完成了相关培训，是一个达到要求、可以毕业的飞手。但在新的环境中，很多知识是学校教不到的，需要因地制宜，了解规则。不按国家要求飞行，一样是“黑飞”。作为飞手，应牢牢记住“守法飞行，人人有责”。

学习结语

感谢你学习《零基础学无人机航拍与短视频后期剪辑实战教程》，希望这本书能帮助到热爱航拍的你!

购买了航拍无人机的你，要想拍出好作品，在飞行之前得先去思考要拍些什么。飞行拍摄时，还得会构图、运镜、调整相机参数等相关技能。如果可以的话，那么你最好还得会点后期制作。

总之，不管航拍对你来说是职业技能也好，兴趣爱好也罢，都没有什么捷径可言。它需要你多学、多飞、多调、多思考，随着时间的沉淀，你会不断地拍出好作品，感受到航拍所带来的快乐。

最后，祝你飞行愉快!

特别声明

出版方在完全尊重相关公司知识产权的前提下，对商标、名称和软件的使用仅出于图书编辑的目的，本书不对相关器材和软件的使用进行推广和担保。本书所涉及的型号名称、产品商标，以及软件的版权均由相关公司所持有。

本书对航拍无人机的安全使用已做介绍，图书使用者应对自己的行为和因此产生的所有后果或损失负责，出版社和作者不承担相关责任。